HME 해법수학 학력평가 안내

목적과 특징

1 수학 학력평가의 목적

하나
수학의 기초 체력을 점검하고, 개인 학력 수준을 파악하여 학습에 도움을 주고자 합니다.

둘
교과서 기본과 응용 수준의 문제를 주어 교육과정의 이해 척도를 알아보며 심화 수준의 문제를 주어 통합적 사고 능력을 측정하고자 합니다.

셋
평가를 통하여 수학 학습 방향을 제시하고 우수한 수학 영재를 조기에 발굴하고자 합니다.

넷
교육 현장의 선생님들에게 학생들의 수학적 사고와 방향을 제시하여 보다 향상된 수학 교육을 실현시키고자 합니다.

2 수학 학력평가의 특징

HME

통합사고력 평가
사고력, 창의력, 문제해결력의 척도를 확인할 수 있도록 평가합니다.

교육과정 평가
교과서 기본과 응용 수준의 문제를 잘 해결해 나가는지 평가합니다.

분석표 제공
개인별 학력평가 분석표를 주어 수학 학습의 방향을 제시합니다.

기초 체력 평가
수학의 원리와 개념을 정확히 이해하고 있는지 평가합니다.

학습 지도 자료 제공
평가를 치루고 난 후 HME 분석 자료집을 별도로 제공합니다.

- 성적에 따라 대상, 최우수상, 우수상, 장려상을 수여하고 상위 5%는 왕중왕을 가리는 [**해법수학 경시대회**]에 출전할 기회를 드립니다.

평가 요소

수준별 평가 체제를 바탕으로 기본·응용·심화 과정의 내용을 평가하고 분석표에는 인지적 행동 영역(계산력, 이해력, 추론력, 문제해결력)과 내용별 영역(수와 연산, 도형, 측정, 규칙성, 자료와 가능성)으로 구분하여 제공합니다.

1 평가 수준

배점	수준 구분	출제 수준
100점 만점	교과서 기본 과정	교과 과정에서 꼭 알고 있어야 하는 기본 개념과 원리에 관련된 기본 문제들로 구성
	교과서 응용 과정	기본적인 수학의 개념과 원리의 이해를 바탕으로 한 응용력 문제들로 교육과정의 응용 문제를 중심으로 구성
	심화 과정	수학적 내용을 풀어가는 과정에서 사고력, 창의력, 문제해결력을 기를 수 있는 문제들로 통합적 사고력을 요구하는 문제들로 구성

2 인지적 행동 영역

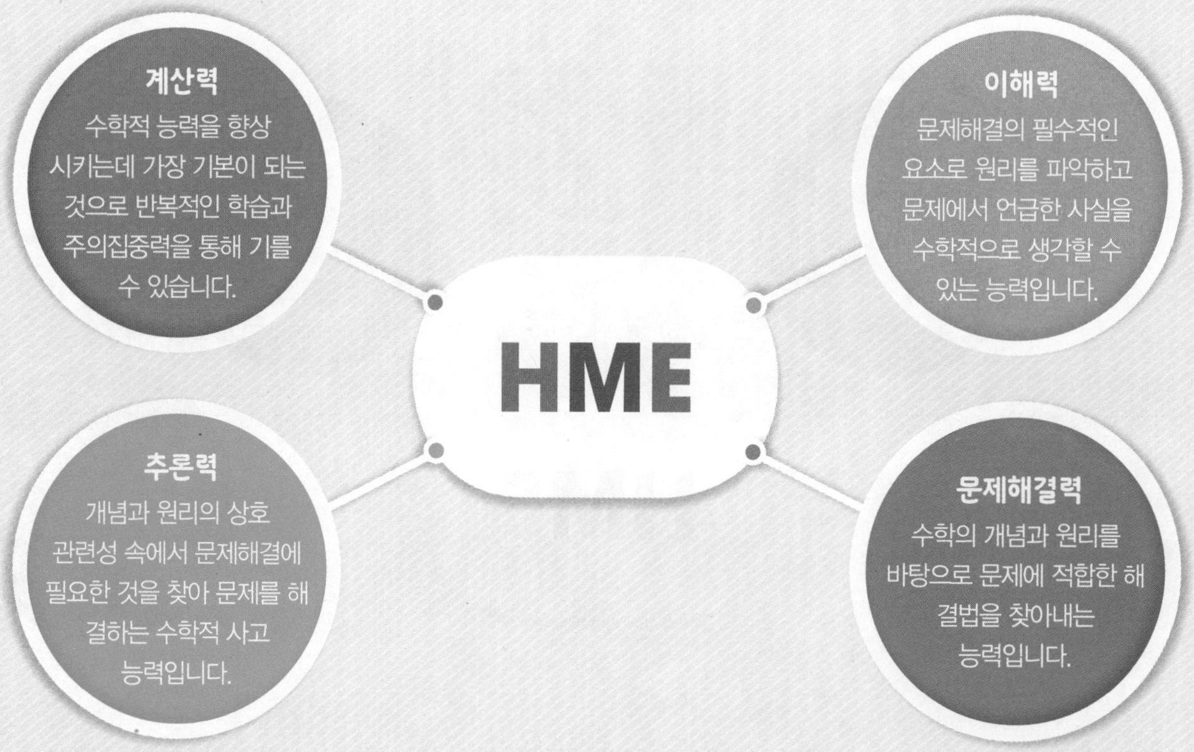

계산력
수학적 능력을 향상 시키는데 가장 기본이 되는 것으로 반복적인 학습과 주의집중력을 통해 기를 수 있습니다.

이해력
문제해결의 필수적인 요소로 원리를 파악하고 문제에서 언급한 사실을 수학적으로 생각할 수 있는 능력입니다.

HME

추론력
개념과 원리의 상호 관련성 속에서 문제해결에 필요한 것을 찾아 문제를 해결하는 수학적 사고 능력입니다.

문제해결력
수학의 개념과 원리를 바탕으로 문제에 적합한 해결법을 찾아내는 능력입니다.

HME 교재 구성

유형 학습 HME의 기본 + 응용 문제로 구성

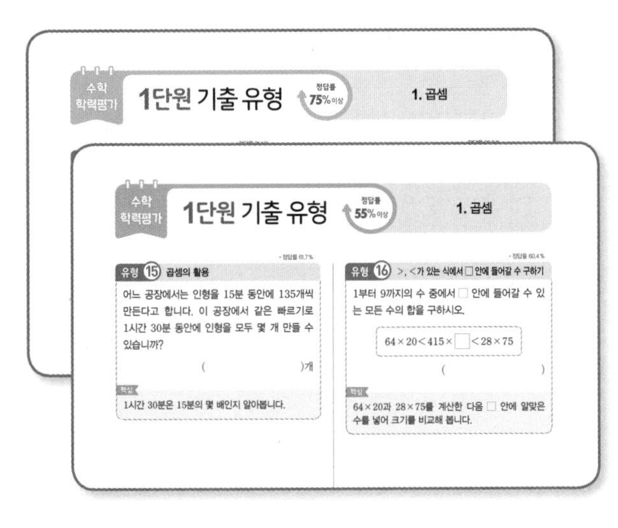
수학 학력평가 1단원 기출 유형 정답률 75% 이상 1. 곱셈

수학 학력평가 1단원 기출 유형 정답률 55% 이상 1. 곱셈

유형 15 곱셈의 활용

어느 공장에서는 인형을 15분 동안에 135개씩 만든다고 합니다. 이 공장에서 같은 빠르기로 1시간 30분 동안에 인형을 모두 몇 개 만들 수 있습니까?

( )개

핵심 1시간 30분은 15분의 몇 배인지 알아봅니다.

유형 16 >, <가 있는 식에서 □ 안에 들어갈 수 구하기

1부터 9까지의 수 중에서 □ 안에 들어갈 수 있는 모든 수의 합을 구하시오.

$64\times20<415\times\square<28\times75$

( )

핵심 64×20과 28×75를 계산한 다음 □ 안에 알맞은 수를 넣어 크기를 비교해 봅니다.

단원별 기출 유형

HME에 출제된 기출문제를 단원별로 유형을 분석하여 정답률과 함께 수록하였습니다. 유사문제를 통해 다시 한번 유형을 확인할 수 있습니다.

정답률 75% 이상 문제를 실수 없이 푼다면 장려상 이상, 정답률 55% 이상 문제를 실수 없이 푼다면 우수상 이상 받을 수 있는 실력입니다.

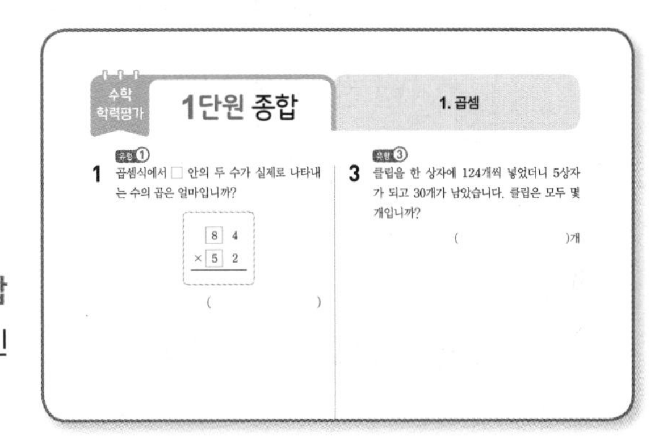
수학 학력평가 1단원 종합 1. 곱셈

1 유형 1 곱셈식에서 □ 안의 두 수가 실제로 나타내는 수의 곱은 얼마입니까?

8 4 × 5 2

( )

3 유형 3 클립을 한 상자에 124개씩 넣었더니 5상자가 되고 30개가 남았습니다. 클립은 모두 몇 개입니까?

( )개

단원별 종합

앞에서 배운 유형을 다시 한번 확인할 수 있습니다.

실전 학습 HME와 같은 난이도로 구성

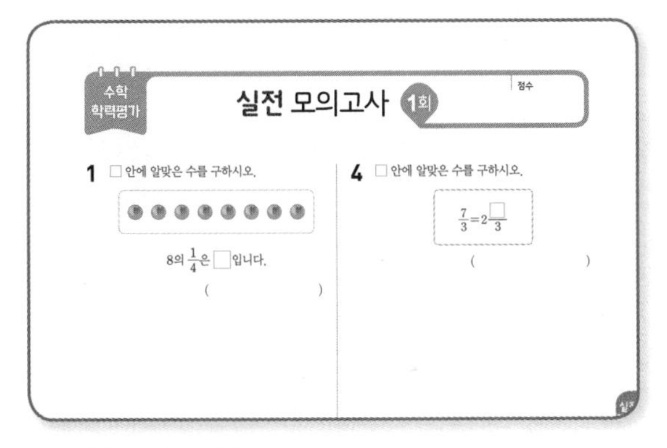
수학 학력평가 실전 모의고사 1회 점수

1 □ 안에 알맞은 수를 구하시오.

8의 $\frac{1}{4}$은 □입니다.

( )

4 □ 안에 알맞은 수를 구하시오.

$\frac{7}{3}=2\frac{\square}{3}$

( )

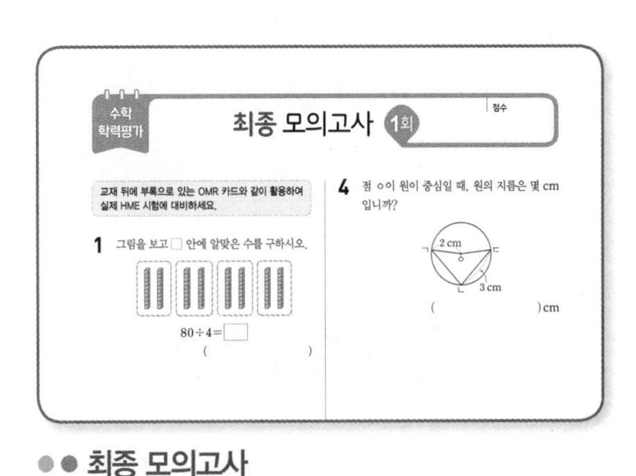
수학 학력평가 최종 모의고사 1회 점수

교재 뒤에 부록으로 있는 OMR 카드와 같이 활용하여 실제 HME 시험에 대비하세요.

1 그림을 보고 □ 안에 알맞은 수를 구하시오.

80÷4=□

( )

4 점 ㅇ이 원의 중심일 때, 원의 지름은 몇 cm입니까?

2 cm 3 cm

( )cm

실전 모의고사

출제율 높은 문제를 수록하여 HME 시험을 완벽하게 대비할 수 있습니다.

최종 모의고사

책 뒤에 있는 OMR 카드와 함께 활용하고 OMR 카드 작성법을 익혀 실제 HME 시험에 대비할 수 있습니다.

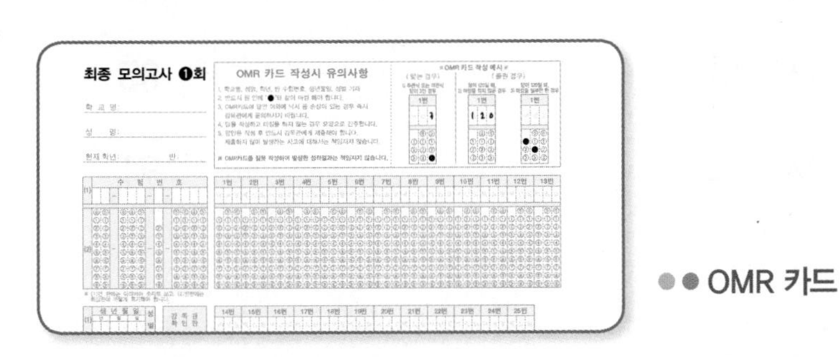
최종 모의고사 1회

OMR 카드 작성시 유의사항

OMR 카드

HME 차례

기출 유형

실전 모의고사

최종 모의고사

수학 학력평가

1단원 기출 유형

정답률 75% 이상

1. 곱셈

• 정답률 91.1%

유형 1 실제로 나타내는 수 구하기

오른쪽 곱셈식에서 □ 안의 두 수가 실제로 나타내는 수의 곱을 구하시오.

$$\begin{array}{r} \boxed{2}\ 9 \\ \times\ 1\ \boxed{4} \\ \hline \end{array}$$

(　　　　　　　　)

핵심

십의 자리 숫자 ■ ⇨ 나타내는 수: ■0

㉥ 십의 자리 숫자 3 ⇨ 나타내는 수: 30

• 정답률 90.9%

유형 2 수의 크기를 비교하여 곱 구하기

가장 큰 수와 가장 작은 수의 곱을 구하시오.

31	20	25

(　　　　　　　　)

핵심

십의 자리, 일의 자리 순서로 크기를 비교하여 가장 큰 수와 가장 작은 수를 알아봅니다.

1 오른쪽 곱셈식에서 □ 안의 두 수가 실제로 나타내는 수의 곱을 구하시오.

$$\begin{array}{r} 6\ \boxed{4} \\ \times\ \boxed{5}\ 7 \\ \hline \end{array}$$

(　　　　　　　　)

2 오른쪽 곱셈식에서 □ 안의 두 수가 실제로 나타내는 수의 곱을 구하시오.

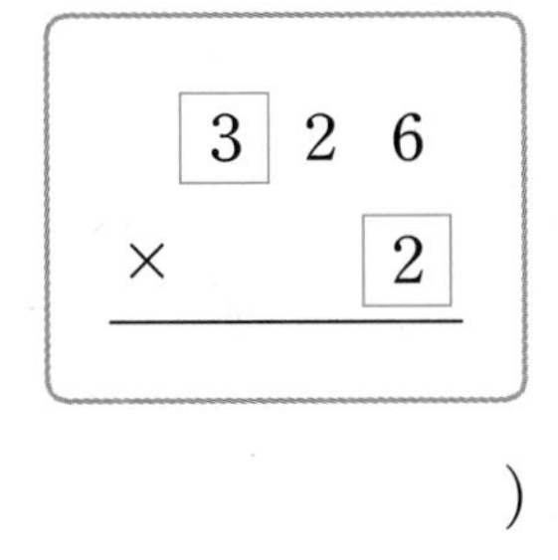

(　　　　　　　　)

3 가장 큰 수와 가장 작은 수의 곱을 구하시오.

27	30	23

(　　　　　　　　)

4 가장 큰 수와 두 번째로 작은 수의 곱을 구하시오.

67	72	48	63

(　　　　　　　　)

• 정답률 89.4 %

유형 3 (세 자리 수)×(한 자리 수)의 활용

경주는 수학 문제를 매일 117개씩 풉니다. 일주일 동안 모두 몇 개의 수학 문제를 풀게 됩니까?

( )개

핵심

일주일은 7일입니다.

5 서윤이는 종이학을 매일 105개씩 접습니다. 일주일 동안 모두 몇 개의 종이학을 접게 됩니까?

( )개

6 수학 문제를 나은이는 매일 123개씩 일주일 동안 풀고, 민혁이는 매일 105개씩 9일 동안 풀었습니다. 민혁이는 나은이보다 수학 문제를 몇 개 더 많이 풀었습니까?

( )개

• 정답률 86.6 %

유형 4 실생활에서의 곱셈 문제

열량은 음식을 먹었을 때 몸속에서 발생하는 에너지의 양입니다. 진주는 오늘 간식으로 초콜릿 바 2개와 사과 1개를 먹었습니다. 진주가 오늘 먹은 간식의 열량은 모두 몇 킬로칼로리입니까?

간식	열량(킬로칼로리)
초콜릿 바 1개	165
삶은 달걀 1개	75
사과 1개	78

( )킬로칼로리

핵심

(초콜릿 바 2개의 열량)+(사과 1개의 열량)을 구합니다.

7 다음은 운동을 30분 동안 할 때 소모되는 열량을 나타낸 것입니다. 수정이는 계단 오르기를 1시간, 수영을 30분 동안 했습니다. 수정이가 오늘 운동을 하여 소모한 열량은 모두 몇 킬로칼로리입니까?

운동	소모 열량(킬로칼로리)
수영	240
줄넘기	142
계단 오르기	135

( )킬로칼로리

• 정답률 86.2 %

유형 5 (두 자리 수)×(두 자리 수)의 활용

재희가 1분 동안 뛰는 맥박수를 재었더니 62번이었습니다. 재희의 맥박이 같은 빠르기로 뛴다면 15분 동안 뛰는 맥박수는 몇 번입니까?

( )번

핵심

(1분 동안 뛰는 맥박수)×(시간)을 구합니다.

• 정답률 85 %

유형 6 곱셈식에서 모르는 수 구하기

□ 안에 알맞은 수의 합을 구하시오.

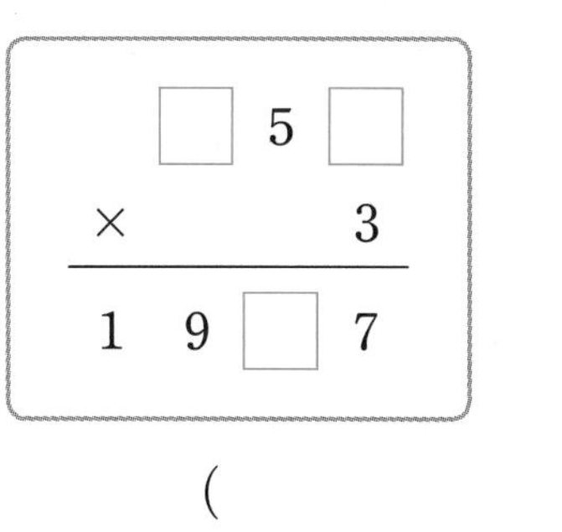

( )

핵심

■×3=▲7이면 3의 단 곱셈구구에서 일의 자리 숫자가 7인 곱을 알아봅니다.

1
단원

8 준수는 1분 동안 줄넘기를 95번 했습니다. 같은 빠르기로 줄넘기를 쉬지 않고 한다면 12분 동안 줄넘기를 몇 번 하게 됩니까?

( )번

9 수진이와 엄마의 1분 동안 호흡수를 재었더니 수진이는 25번이고 엄마는 16번이었습니다. 같은 빠르기로 수진이와 엄마의 호흡수를 18분 동안 재었다면 두 사람의 호흡수의 차는 몇 번입니까?

(호흡수: 일정한 시간 동안에 숨 쉬는 횟수)

( )번

10 □ 안에 알맞은 수를 써넣으시오.

□ 3 □
× 6
2 0 □ 0

11 □ 안에 알맞은 수를 써넣으시오.

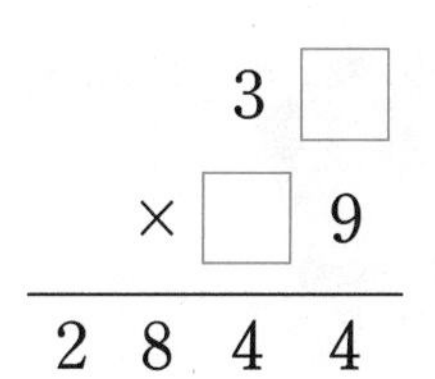

• 정답률 83.1 %

유형 7 실생활 문장제

철민이는 동화책을 매일 26쪽씩 읽으려고 합니다. 3주일 동안 읽을 수 있는 동화책은 모두 몇 쪽입니까?

( )쪽

핵심

일주일은 7일이므로 ■주일은 (7 × ■)일입니다.

12 경민이는 동화책을 매일 32쪽씩 읽으려고 합니다. 4주일 동안 읽을 수 있는 동화책은 모두 몇 쪽입니까?

( )쪽

13 혜수와 정현이는 다음과 같이 운동을 하였습니다. 혜수와 정현이 중 더 오랫동안 운동을 한 사람은 누구이고 몇 분 더 많이 운동을 했습니까?

하루에 35분씩
2주일 동안 했어.
하루에 38분씩
11일 동안 했어.
혜수
정현

( ), ( )분

• 정답률 78.6 %

유형 8 약속한 기호를 계산하기

33★15를 ▌보기▐와 같은 방법으로 계산하려고 합니다. ㉠에 알맞은 수를 구하시오.

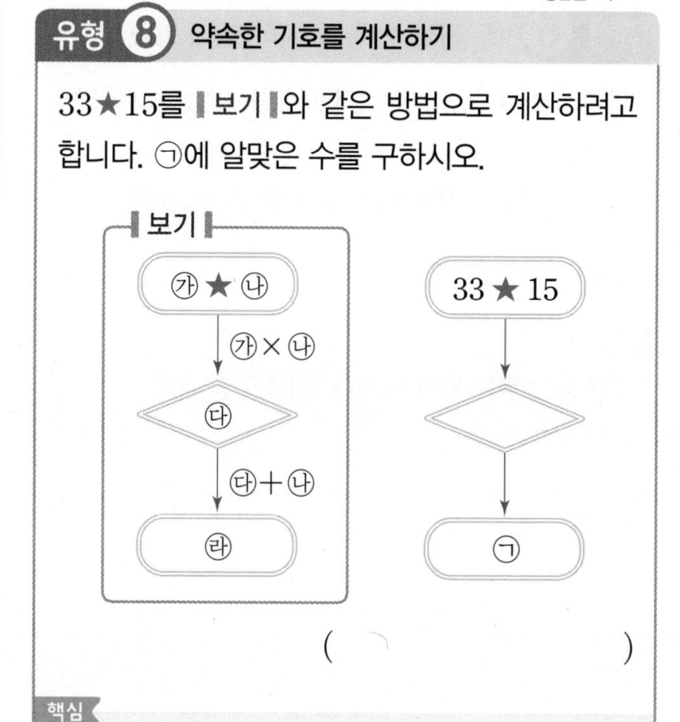

( )

핵심

33을 ㉮, 15를 ㉯로 생각합니다.

14 38♥56을 ▌보기▐와 같은 방법으로 계산하려고 합니다. ㉠에 알맞은 수를 구하시오.

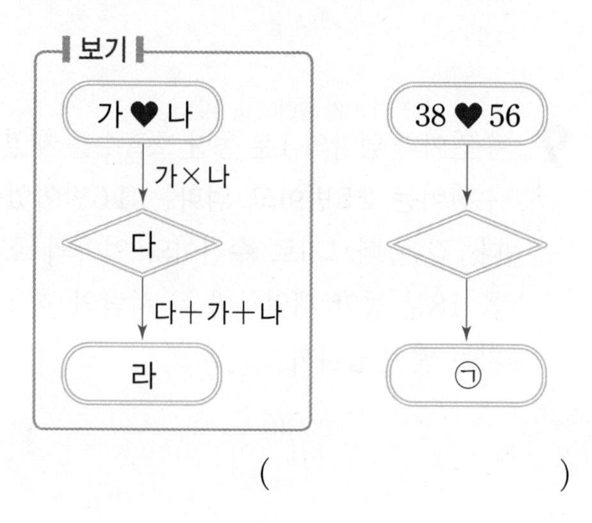

( )

• 정답률 77 %

유형 9 □ 안에 알맞은 수 구하기

□ 안에 알맞은 수를 구하시오.

$60 \times 60 = 90 \times \square$

(　　　　　　　　)

핵심

60×60을 먼저 계산한 후 □ 안에 알맞은 수를 구합니다.

• 정답률 76.3 %

유형 10 거스름돈 구하기

어느 미술관의 한 명당 입장료입니다. 어른 3명과 어린이 5명이 입장하고 5000원을 냈다면 거스름돈으로 얼마를 받아야 합니까?

어른	어린이
840원	370원

(　　　　　　　　)원

핵심

(거스름돈)=(낸 돈)−(어른 3명의 입장료)
−(어린이 5명의 입장료)

15 □ 안에 알맞은 수를 구하시오.

$40 \times 60 = \square \times 30$

(　　　　　　　　)

16 □ 안에 알맞은 수의 합을 구하시오.

• $60 \times 30 = \square \times 90$
• $675 \times 8 = 60 \times \square$

(　　　　　　　　)

17 문구점에서 파는 연필과 색연필 한 자루당 가격입니다. 연필 4자루와 색연필 7자루를 사고 5000원을 냈다면 거스름돈으로 얼마를 받아야 합니까?

연필	색연필
350원	450원

(　　　　　　　　)원

18 민준이는 편의점에서 150원짜리 사탕 5개와 230원짜리 쿠키 8개를 사고 돈을 냈더니 거스름돈으로 410원을 받았습니다. 민준이가 낸 돈은 얼마입니까?

(　　　　　　　　)원

• 정답률 76.1 %

유형 11 규칙을 찾아 계산하기

18◉16을 ‖보기‖와 같은 방법으로 계산하면 얼마입니까?

‖보기‖
- 3◉4 ⇨ $3+4=7$, $7\times4=28$
- 5◉12 ⇨ $5+12=17$, $17\times12=204$

( )

핵심
◉의 규칙을 찾고 규칙에 따라 계산합니다.

• 정답률 75.8 %

유형 12 실생활과 관련된 곱셈의 활용

저금통 안에 들어 있는 동전을 나타낸 것입니다. 저금통 안에 들어 있는 동전은 모두 얼마입니까?

- 10원짜리 동전 14개
- 50원짜리 동전 13개

( )원

핵심
10원짜리 동전 금액 + 50원짜리 동전 금액 을 구합니다.

19 8♥9를 ‖보기‖와 같은 방법으로 계산하면 얼마입니까?

‖보기‖
- 2♥4 ⇨ $2\times2=4$, $4\times4=16$, $4\times16=64$
- 3♥5 ⇨ $3\times3=9$, $5\times5=25$, $9\times25=225$

( )

20 윤재와 서이는 다음과 같이 책상 위에 동전을 놓았습니다. 윤재와 서이 중 놓은 돈이 더 많은 사람은 누구이고, 얼마 더 많습니까?

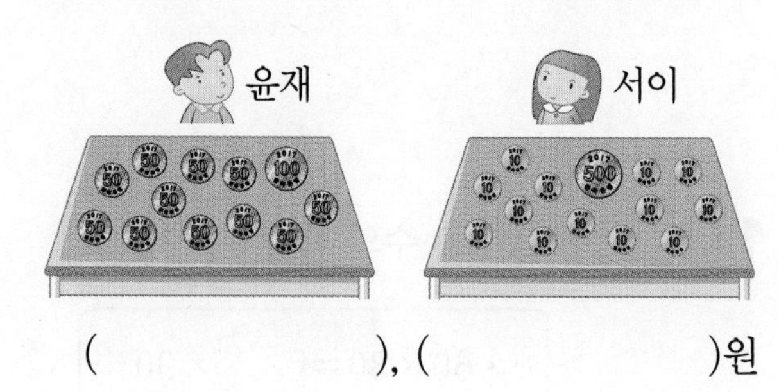

( ), ( )원

• 정답률 75.5 %

유형 13 물건의 값의 차 구하기

연필 1자루의 값이 문구점은 90원, 할인점은 60원입니다. 혜경이가 할인점에서 연필 1타를 샀다면 문구점보다 얼마 더 싸게 산 것입니까?

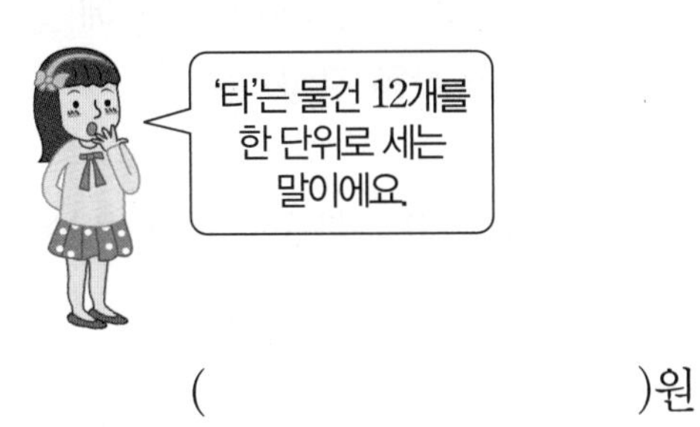

'타'는 물건 12개를
한 단위로 세는
말이에요.

( )원

핵심

(문구점과 할인점의 연필 값의 차)
=(연필 1자루 값의 차)×(연필의 수)

21 도화지 1장의 값이 문구점은 80원, 할인점은 65원입니다. 지민이는 문구점에서 도화지 26장을 샀다면 할인점보다 얼마 더 비싸게 산 것입니까?

( )원

22 막대 사탕 1개의 값이 편의점은 100원, 할인점은 65원입니다. 할인점에서 한 봉지에 6개씩 들어 있는 막대 사탕을 4봉지 샀다면 편의점보다 얼마 더 싸게 산 것입니까?

( )원

• 정답률 75 %

유형 14 □ 안에 들어갈 수 있는 수 구하기

1부터 9까지의 수 중에서 □ 안에 들어갈 수 있는 가장 작은 수를 구하시오.

$72\times\square0>4500$

( )

핵심

□ 안에 9부터 수를 차례로 넣어 곱을 비교해 봅니다.

23 1부터 9까지의 수 중에서 □ 안에 들어갈 수 있는 가장 작은 수를 구하시오.

$45\times\square0>2300$

( )

24 1부터 9까지의 수 중에서 □ 안에 들어갈 수 있는 가장 큰 수를 구하시오.

$65\times\square0<86\times47$

( )

1단원 기출 유형

정답률 55% 이상

• 정답률 61.7 %

유형 15 곱셈의 활용

어느 공장에서는 인형을 15분 동안에 135개씩 만든다고 합니다. 이 공장에서 같은 빠르기로 1시간 30분 동안에 인형을 모두 몇 개 만들 수 있습니까?

( )개

핵심

1시간 30분은 15분의 몇 배인지 알아봅니다.

25 어느 자전거 공장에서 ㈎, ㈏ 두 종류의 자전거를 만드는 데 걸리는 시간입니다. 이 공장에서 같은 빠르기로 2시간 30분 동안에 어느 자전거를 몇 대 더 많이 만들 수 있습니까?

- ㈎ 자전거: 25분 동안 165대
- ㈏ 자전거: 30분 동안 186대

( ), ( )대

• 정답률 60.4 %

유형 16 >, <가 있는 식에서 □ 안에 들어갈 수 구하기

1부터 9까지의 수 중에서 □ 안에 들어갈 수 있는 모든 수의 합을 구하시오.

$64 \times 20 < 415 \times \square < 28 \times 75$

( )

핵심

64×20과 28×75를 계산한 다음 □ 안에 알맞은 수를 넣어 크기를 비교해 봅니다.

26 1부터 9까지의 수 중에서 □ 안에 들어갈 수 있는 수를 모두 구하시오.

$20 \times 40 < 184 \times \square < 27 \times 45$

( )

27 □ 안에 들어갈 수 있는 수는 모두 몇 개입니까?

$23 \times 64 < 50 \times \square < 80 \times 30$

( )개

• 정답률 59.8 %

유형 17 조건에 맞는 곱셈식 만들기

곱셈식을 보고 ㉠과 ㉡에 알맞은 수의 합을 구하시오. (단, 같은 기호는 같은 수입니다.)

$$\begin{array}{r} ㉠㉠㉠ \\ \times \quad ㉡ \\ \hline 4662 \end{array}$$

• ㉠과 ㉡은 서로 다른 한 자리 수입니다.
• ㉠은 ㉡보다 큽니다.

(　　　　　　)

핵심

㉠×㉡의 일의 자리 숫자가 2인 경우를 먼저 알아봅니다.

• 정답률 55.7 %

유형 18 수 카드로 곱셈식 만들기

수 카드를 사용하여 ‖조건‖을 만족하는 (두 자리 수)×(두 자리 수)를 만들려고 합니다. ㉠, ㉡, ㉢, ㉣에 알맞은 수의 합을 구하시오.

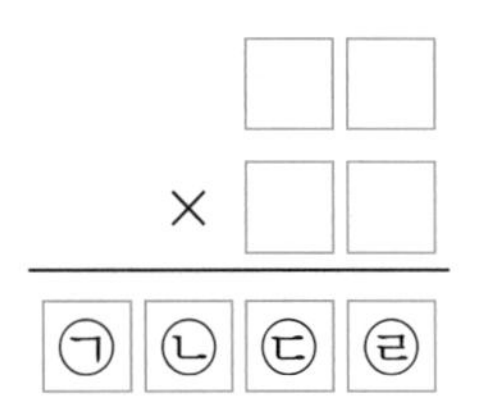

‖조건‖

• 4장의 수 카드 3, 4, 6, 8 을 한 번씩만 사용합니다.
• 나올 수 있는 곱 중 가장 큽니다.

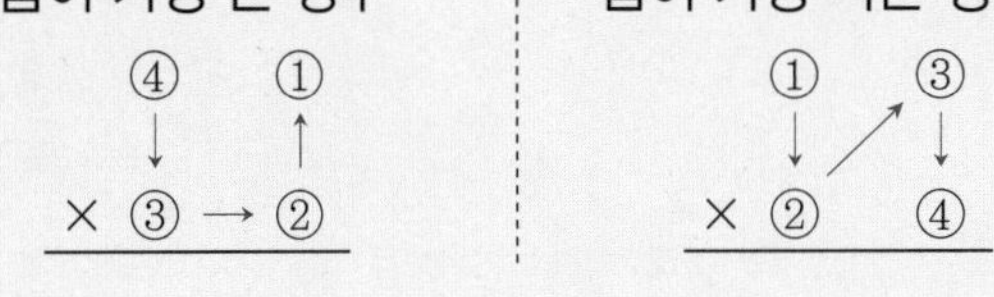

(　　　　　　)

핵심

④>③>②>①>0인 4개의 수 ①, ②, ③, ④를 한 번씩만 사용하여 (두 자리 수)×(두 자리 수)를 만들 때

• 곱이 가장 큰 경우: ④① × ③②
• 곱이 가장 작은 경우: ①③ × ②④

28 곱셈식을 보고 ㉠과 ㉡에 알맞은 수의 합을 구하시오. (단, 같은 기호는 같은 수입니다.)

$$\begin{array}{r} ㉠㉠㉠ \\ \times \quad ㉡ \\ \hline 5994 \end{array}$$

• ㉠과 ㉡은 서로 다른 한 자리 수입니다.
• ㉠은 ㉡보다 작습니다.

(　　　　　　)

29 4장의 수 카드를 한 번씩만 사용하여 (두 자리 수)×(두 자리 수)를 만들려고 합니다. 이때 곱이 가장 작게 되도록 곱셈식을 만들고 곱을 구하시오.

4　7　2　5

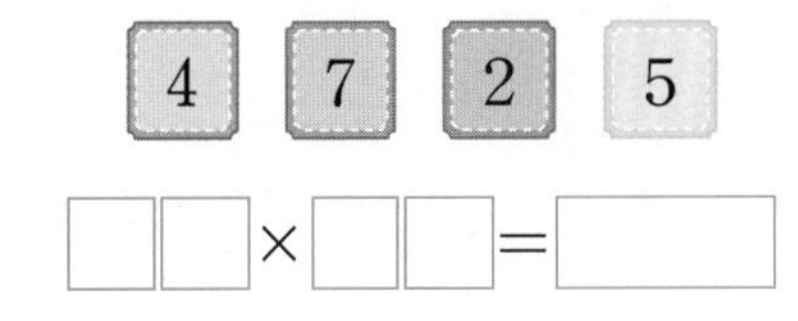

1단원 종합

유형 ①

1 곱셈식에서 □ 안의 두 수가 실제로 나타내는 수의 곱은 얼마입니까?

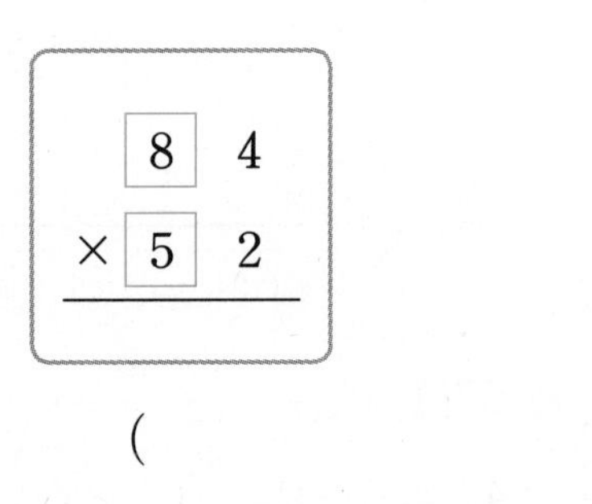

(　　　　　　　)

유형 ②

2 두 수의 곱이 가장 크게 되도록 두 수를 골라 □ 안에 써넣고 곱을 구하시오.

60　　67　　72　　80

□×□=□

유형 ③

3 클립을 한 상자에 124개씩 넣었더니 5상자가 되고 30개가 남았습니다. 클립은 모두 몇 개입니까?

(　　　　　　　)개

유형 ⑥

4 □ 안에 알맞은 수를 써넣으시오.

$$\begin{array}{r} 2\ \square\ 8 \\ \times\ \ \ \ \square \\ \hline 1\ \square\ 0\ 6 \end{array}$$

유형 7

5 윗몸일으키기를 하는 데 지우는 매일 30개씩 4주일 동안 했고, 정효는 매일 42개씩 3주일 동안 했습니다. 윗몸일으키기를 누가 몇 개 더 많이 했습니까?

( ), ( )개

유형 8

6 26◉41을 **보기**와 같은 방법으로 계산하려고 합니다. ㉠에 알맞은 수를 구하시오.

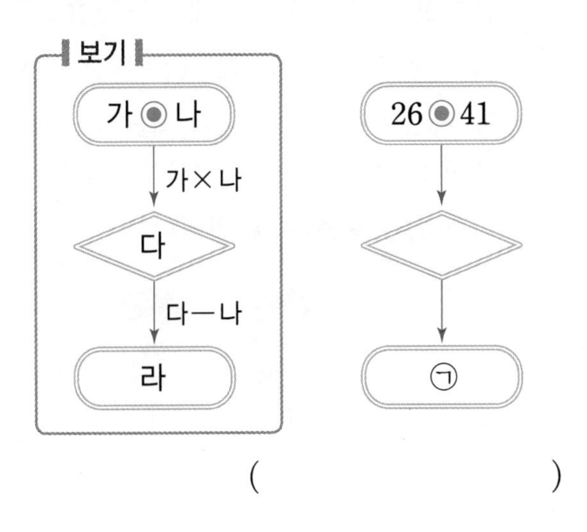

( )

유형 12

7 저금통 안에 동전이 다음과 같이 들어 있습니다. 저금통 안에 들어 있는 동전은 모두 얼마입니까?

- 50원짜리 동전 16개
- 500원짜리 동전 3개

( )원

유형 14

8 1부터 9까지의 수 중에서 □ 안에 들어갈 수 있는 수는 모두 몇 개입니까?

$29 \times 30 < 43 \times \square 0 < 68 \times 55$

( )개

1 단원

유형 15

9 어느 공장에서는 장난감 자동차를 20분 동안에 175개씩 만든다고 합니다. 이 공장에서 같은 빠르기로 1시간 20분 동안에 장난감 자동차를 모두 몇 개 만들 수 있습니까?

( )개

유형 17

10 곱셈식을 보고 ㉠, ㉡, ㉢에 알맞은 수의 합을 구하시오. (단, 같은 기호는 같은 수입니다.)

$$\begin{array}{r} ㉠㉠㉠ \\ \times \quad ㉡ \\ \hline 7㉢92 \end{array}$$

- ㉠과 ㉡은 서로 다른 한 자리 수입니다.
- ㉠은 ㉡보다 작습니다.

( )

유형 18

11 4장의 수 카드를 한 번씩만 사용하여 (두 자리 수)×(두 자리 수)를 만들려고 합니다. 이때 곱이 두 번째로 큰 곱셈식의 곱을 구하시오.

8 3 7 2

( )

12 윤하와 재준이가 은행에서 번호표를 뽑았습니다. 윤하가 먼저 번호표를 뽑고, 바로 다음에 재준이가 뽑았습니다. 윤하의 번호와 재준이의 번호를 곱하였더니 1806이었다면 윤하가 뽑은 번호는 몇 번입니까?

( )번

2단원 기출 유형

정답률 75% 이상

• 정답률 96.5 %

유형 ① 나눗셈의 나머지

나머지가 5가 될 수 없는 식은 어느 것입니까? ·································· (　　　)

① □÷7　② □÷5　③ □÷6

④ □÷8　⑤ □÷9

핵심

(나누어지는 수)÷(나누는 수)=(몫)···(나머지)

⇨ (나누는 수)>(나머지)

1 나머지가 4가 될 수 없는 식을 찾아 기호를 쓰시오.

㉠ □÷4　㉡ □÷7

㉢ □÷9　㉣ □÷5

(　　　　　　)

2 나머지가 6이 될 수 없는 식을 모두 고르시오. ································ (　　　)

① □÷6　② □÷4　③ □÷8

④ □÷9　⑤ □÷7

• 정답률 92.5 %

유형 ② 나눗셈의 활용

탁구공 65개를 5상자에 똑같이 나누어 담으려고 합니다. 탁구공을 한 상자에 몇 개씩 담을 수 있습니까?

(　　　　　　)개

핵심

(한 상자에 담을 수 있는 탁구공의 수)

=(전체 탁구공의 수)÷(상자 수)

3 구슬 76개를 4명에게 똑같이 나누어 주려고 합니다. 구슬을 한 명에게 몇 개씩 줄 수 있습니까?

(　　　　　　)개

4 곶감이 한 묶음에 10개씩 7묶음과 낱개 14개가 있습니다. 이 곶감을 6상자에 똑같이 나누어 담으려고 합니다. 한 상자에 몇 개씩 담을 수 있습니까?

(　　　　　　)개

• 정답률 92.4 %

유형 3 도형의 변의 길이 구하기

정사각형의 네 변의 길이의 합은 56 cm입니다. 이 정사각형의 한 변의 길이는 몇 cm입니까?

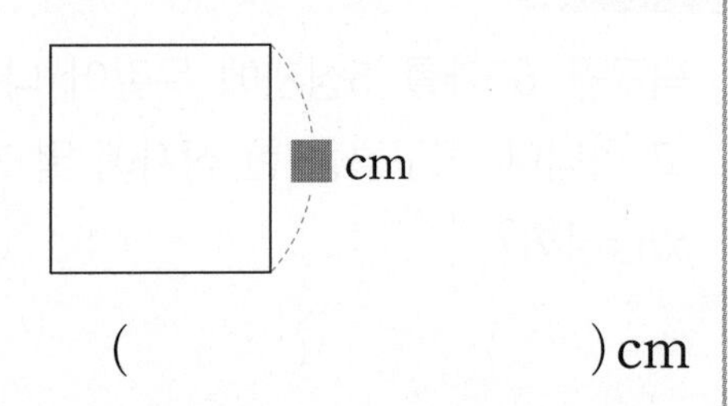

( ) cm

핵심

(정사각형의 한 변의 길이)=(네 변의 길이의 합)÷4

• 정답률 90.4 %

유형 4 모양에 알맞은 수 구하기

★과 ♥에 알맞은 수의 합을 구하시오.

- 45÷3=★
- 97÷6=16 ··· ♥

( )

핵심

나눗셈에서 나머지는 나누는 수보다 작아야 합니다.

5 세 변의 길이가 모두 같은 삼각형이 있습니다. 이 삼각형의 세 변의 길이의 합이 108 cm라면 한 변의 길이는 몇 cm입니까?

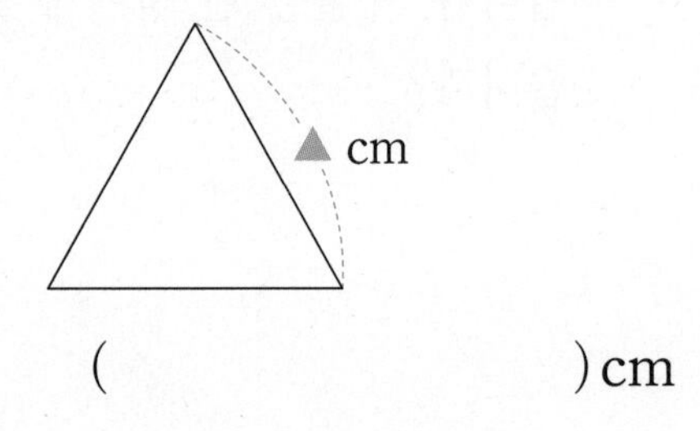

( ) cm

6 길이가 136 cm인 철사를 두 도막으로 똑같이 나누고 그중 한 도막을 모두 사용하여 가장 큰 정사각형을 만들었습니다. 만든 정사각형의 한 변의 길이는 몇 cm입니까?

( ) cm

7 ◉와 ♠에 알맞은 수의 합을 구하시오.

- 98÷7=◉
- 87÷5=♠ ··· 2

( )

8 같은 모양은 같은 수를 나타냅니다. ★과 ■에 알맞은 수의 차를 구하시오.

- 832÷4=●
- ●÷6=★ ··· ■

( )

• 정답률 88.7 %

유형 5 나누어지는 수 구하기

□ 안에 알맞은 수를 구하시오.

$\square \div 4 = 15 \cdots 3$

(　　　　　　)

핵심

■÷▲=●…★

▲×●=㉠ ⇨ ㉠+★=■

9 □ 안에 알맞은 수를 구하시오.

$\square \div 7 = 13 \cdots 5$

(　　　　　　)

10 어떤 수를 5로 나누었더니 몫은 13이고 나머지는 2가 되었습니다. 어떤 수는 얼마입니까?

(　　　　　　)

• 정답률 86.2 %

유형 6 수 카드로 나눗셈식 만들기

3장의 수 카드 중에서 2장을 골라 한 번씩만 사용하여 두 자리 수를 만들었습니다. 만든 두 자리 수를 남은 수 카드의 수로 나눌 때 나머지가 5가 되는 나눗셈의 몫은 얼마입니까?

1　6　4

(　　　　　　)

핵심

나머지가 5가 되려면 나누는 수에는 5보다 큰 수가 놓여야 합니다.

11 3장의 수 카드 중에서 2장을 골라 한 번씩만 사용하여 두 자리 수를 만들었습니다. 만든 두 자리 수를 남은 수 카드의 수로 나눌 때 나머지가 4가 되는 나눗셈의 몫은 얼마입니까?

3　5　7

(　　　　　　)

12 3장의 수 카드를 한 번씩만 사용하여 나눗셈 □□÷□를 만들었습니다. 나누어떨어지는 나눗셈의 몫은 얼마입니까?

2　5　8

(　　　　　　)

2 단원

• 정답률 81.6 %

유형 7 □ 안에 들어갈 수 있는 수 구하기

다음 나눗셈은 나누어떨어집니다. 0부터 9까지의 수 중에서 □ 안에 들어갈 수 있는 수를 모두 더하면 얼마입니까?

$6 \overline{) 7\square}$

(　　　　　　　　)

핵심

나머지가 0일 때, 나누어떨어진다고 합니다.

• 정답률 78.2 %

유형 8 어떤 수 구하기

50을 어떤 수로 나누면 몫이 6이고 나머지는 2입니다. 72를 어떤 수로 나누었을 때의 몫을 구하시오.

(　　　　　　　　)

핵심

(나누어지는 수)÷(나누는 수)=(몫)…(나머지)

13 다음 나눗셈은 나누어떨어집니다. 0부터 9까지의 수 중에서 □ 안에 들어갈 수 있는 수를 모두 구하시오.

$3 \overline{) 8\square}$

(　　　　　　　　)

14 다음 나눗셈은 나누어떨어집니다. 0부터 9까지의 수 중에서 ㉠에 들어갈 수 있는 수를 모두 더하면 얼마입니까?

$$\begin{array}{r} 6\,\square \\ 4 \overline{) 2\ ㉠\ 6} \end{array}$$

(　　　　　　　　)

15 79를 어떤 수로 나누면 몫이 9이고 나머지는 7입니다. 96을 어떤 수로 나누었을 때의 몫을 구하시오.

(　　　　　　　　)

16 67을 어떤 수로 나누면 몫이 13이고 나머지는 2입니다. 206을 어떤 수로 나누었을 때의 몫과 나머지를 구하시오.

몫 (　　　　　　　　)

나머지 (　　　　　　　　)

• 정답률 76.1 %

유형 9 나눗셈의 나머지 구하기

다음 나눗셈의 나머지가 될 수 있는 자연수 중에서 가장 큰 수는 얼마입니까?

$\square \div 8$

(　　　　　　　　)

핵심

자연수: 1, 2, 3과 같은 수

• 정답률 75.2 %

유형 10 적어도 얼마인지 구하기

승희는 124쪽짜리 동화책을 매일 7쪽씩 읽으려고 합니다. 승희가 이 동화책을 모두 읽는 데 적어도 며칠이 걸리겠습니까?

(　　　　　　　　)일

핵심

124÷7=■…▲에서 동화책을 모두 읽는 데 걸리는 날수는 적어도 (■+1)일입니다.

2 단원

17 다음 나눗셈의 나머지가 될 수 있는 자연수 중에서 가장 큰 수는 얼마입니까?

$\square \div 9$

(　　　　　　　　)

18 어떤 수를 7로 나누었을 때 나머지가 될 수 없는 수를 모두 고르시오. ⋯⋯(　　　　)

① 3　② 5　③ 7
④ 9　⑤ 1

19 책꽂이 한 칸에 책을 5권씩 꽂을 수 있습니다. 같은 종류의 책 162권을 책꽂이에 남김없이 모두 꽂으려면 책꽂이는 적어도 몇 칸 필요합니까?

(　　　　　　　　)칸

20 연필 1타는 12자루입니다. 연필 17타를 필통 한 개에 9자루씩 남김없이 모두 넣으려고 합니다. 필통은 적어도 몇 개 필요합니까?

(　　　　　　　　)개

수학 학력평가

2단원 기출 유형

정답률 55% 이상

2. 나눗셈

• 정답률 63.7 %

유형 11 나눗셈식에서 모르는 수 구하기

□ 안에 알맞은 수들의 합을 구하시오.

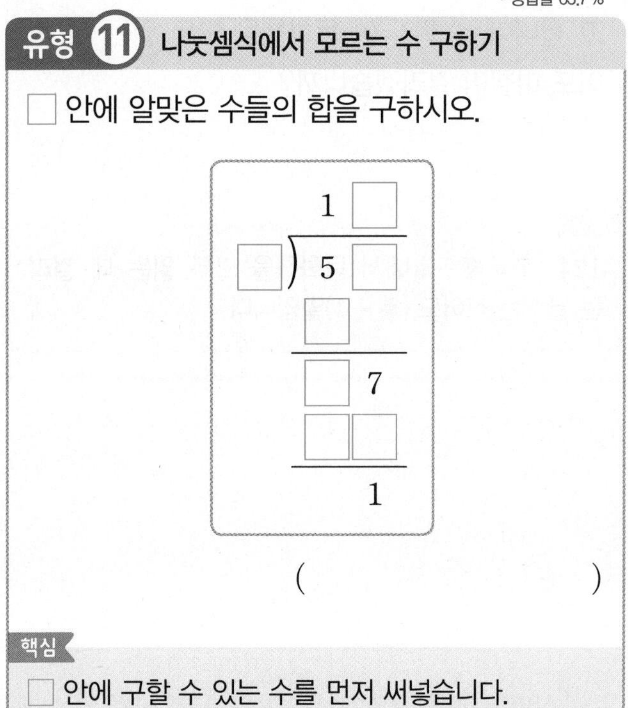

(　　　　　　　　　　)

핵심
□ 안에 구할 수 있는 수를 먼저 써넣습니다.

• 정답률 63.3 %

유형 12 나눗셈의 활용

곤충은 다리가 세 쌍이고 날개는 두 쌍입니다. 사마귀 다리가 51쌍 있고, 베짱이 날개가 28쌍 있습니다. 사마귀는 베짱이보다 몇 마리 더 많습니까?

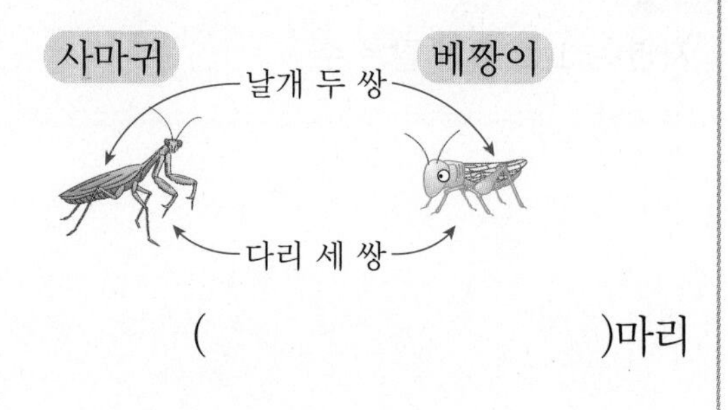

(　　　　　　　　　　)마리

핵심
(사마귀의 수)−(베짱이의 수)로 구합니다.

21 ★에 들어갈 수 있는 수를 모두 구하시오.

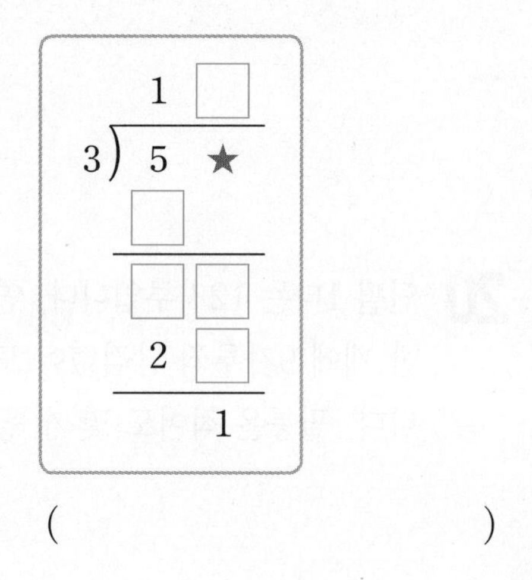

(　　　　　　　　　　)

22 나비와 잠자리는 곤충입니다. 곤충은 다리가 세 쌍이고 날개는 두 쌍입니다. 나비는 다리가 60쌍 있고, 잠자리는 날개가 36쌍 있습니다. 잠자리는 나비보다 몇 마리 더 적습니까?

(　　　　　　　　　　)마리

23 벌은 다리가 세 쌍, 날개는 두 쌍인 곤충이고 거미는 다리가 8개로 곤충이 아닙니다. 벌은 날개가 52쌍 있고 거미는 다리가 152개 있습니다. 어느 것이 몇 마리 더 많습니까?

(　　　　　　), (　　　　　　)마리

• 정답률 62.2 %

유형 13 더 필요한 물건의 수 구하기

사탕 89개를 6명에게 똑같이 나누어 주려고 합니다. 남는 것이 없도록 똑같이 나누어 주려면 사탕은 적어도 몇 개 더 있어야 합니까?

( )개

핵심

89÷6=■···▲에서 더 필요한 물건의 수는 적어도 (6−▲)개입니다.

24 연필 135자루를 7명에게 똑같이 나누어 주려고 합니다. 남는 것이 없도록 똑같이 나누어 주려면 연필은 적어도 몇 자루 더 있어야 합니까?

( )자루

25 한 봉지에 27개씩 들어 있는 초콜릿이 5봉지 있습니다. 이 초콜릿을 8명에게 똑같이 나누어 주려고 합니다. 초콜릿을 남김없이 똑같이 나누어 주려면 초콜릿은 적어도 몇 개 더 있어야 합니까?

( )개

• 정답률 58.4 %

유형 14 규칙을 이용한 나눗셈식

다음과 같은 규칙에 따라 숫자를 늘어놓았을 때 117번째 숫자를 구하시오.

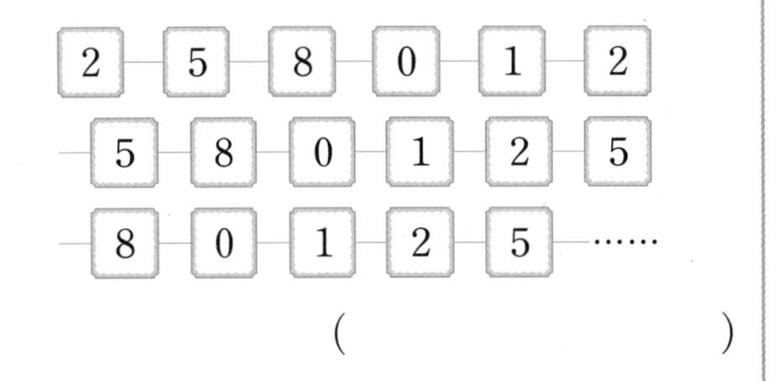

( )

핵심

먼저 숫자를 늘어놓은 규칙을 찾습니다.

26 플루트와 트럼펫이 다음과 같은 규칙으로 놓여 있을 때 132번째까지 놓여진 악기 중에서 플루트는 모두 몇 개입니까?

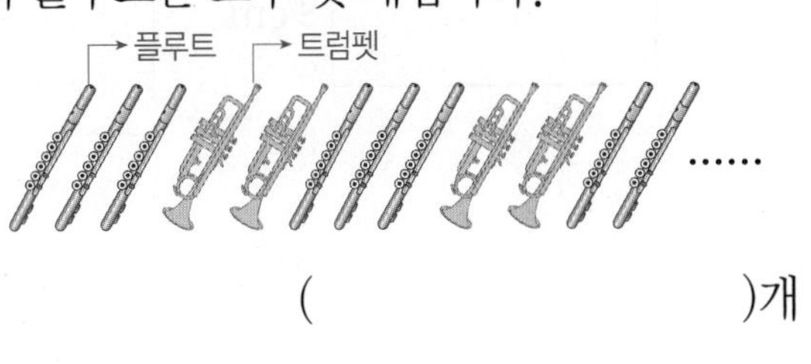

( )개

2단원 종합

유형 ②

1 지현이는 사탕 78개를 친구 6명에게 똑같이 나누어 주려고 합니다. 사탕을 한 명에게 몇 개씩 줄 수 있습니까?

( )개

유형 ③

2 네 변의 길이의 합이 같은 직사각형과 정사각형이 있습니다. 정사각형의 한 변의 길이는 몇 cm입니까?

18 cm
8 cm
■ cm

( ) cm

3 길이가 91 m인 도로 한쪽에 7 m 간격으로 가로수를 심으려고 합니다. 도로의 처음부터 끝까지 가로수를 심는다면 가로수는 몇 그루 필요합니까? (단, 가로수의 두께는 생각하지 않습니다.)

( )그루

유형 ⑤

4 □ 안에 알맞은 수를 구하시오.

$\square \div 6 = 14 \cdots 5$

( )

5 어떤 수를 4로 나누어야 할 것을 잘못하여 4를 곱했더니 92가 되었습니다. 바르게 계산한 몫과 나머지를 구하시오.

몫 (　　　　　　　)
나머지 (　　　　　　　)

유형 6

6 4장의 수 카드 중에서 3장을 골라 한 번씩만 사용하여 (두 자리 수)÷(한 자리 수)를 만들었습니다. 나머지가 8이 되는 나눗셈의 몫을 모두 구하시오.

2　6　7　9

(　　　　　　　)

유형 7

7 다음 나눗셈은 나누어떨어집니다. 0부터 9까지의 수 중에서 ★에 들어갈 수 있는 수를 모두 구하시오.

7★÷4

(　　　　　　　)

유형 10

8 사탕 220개를 한 봉지에 8개씩 담으려고 합니다. 이 사탕을 모두 봉지에 담으려면 봉지는 적어도 몇 개 필요합니까?

(　　　　　　　)개

2 단원

유형 ⑪

9 □ 안에 알맞은 수를 써넣으시오.

$$\begin{array}{r} 2\,\square \\ \square\,\overline{)\,7\,\square} \\ \square \\ \hline \square\,7 \\ \square\,\square \\ \hline 2 \end{array}$$

유형 ⑬

10 구슬 93개를 7명에게 똑같이 나누어 주려고 합니다. 남는 것이 없도록 똑같이 나누어 주려면 구슬은 적어도 몇 개 더 있어야 합니까?

( )개

유형 ⑭

11 검은색 바둑돌과 흰색 바둑돌이 다음과 같은 규칙으로 놓여 있을 때 170번째까지 놓여진 바둑돌 중에서 검은색 바둑돌은 모두 몇 개입니까?

●●○○○○○●●○○○○○●●○○○○ ……

( )개

12 9명씩 앉을 수 있는 긴 의자가 40개 있습니다. 400명이 모두 앉으려면 9명씩 앉을 수 있는 긴 의자는 적어도 몇 개 더 있어야 합니까?

( )개

수학 학력평가

3단원 기출 유형

정답률 75% 이상

3. 원

• 정답률 96.8 %

유형 1 컴퍼스를 이용하여 원 그리기

컴퍼스를 이용하여 그림과 같은 원을 그리려고 합니다. 컴퍼스를 몇 cm만큼 벌려야 합니까?

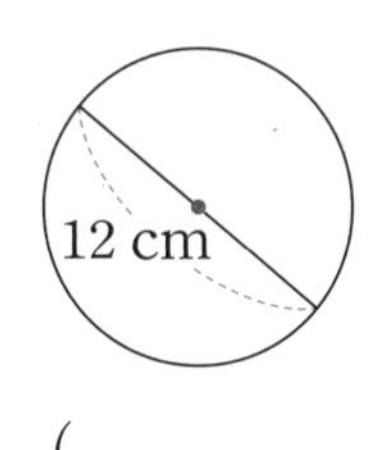

( ) cm

핵심
컴퍼스를 원의 반지름만큼 벌려 원의 중심에 침을 꽂고 그립니다.

• 정답률 96.2 %

유형 2 지름을 이용하여 반지름 구하기

원 모양의 징의 지름이 36 cm일 때 징의 반지름은 몇 cm입니까?

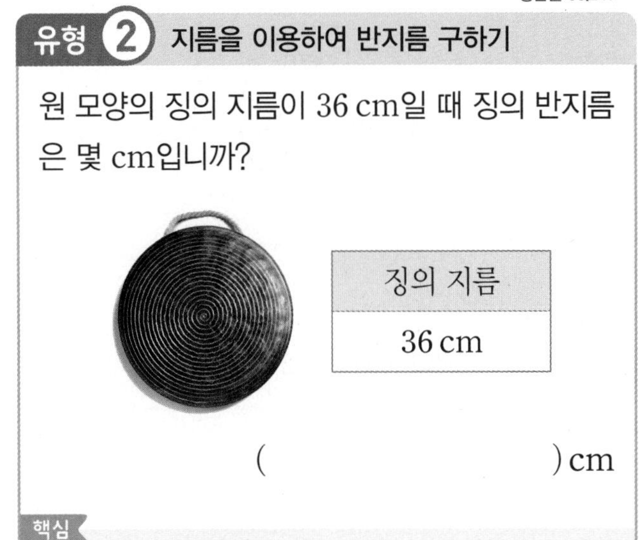

( ) cm

핵심
(원의 반지름)=(원의 지름)÷2

1 주어진 원과 크기가 같은 원을 그리기 위하여 컴퍼스를 바르게 벌린 것을 찾아 기호를 쓰시오.

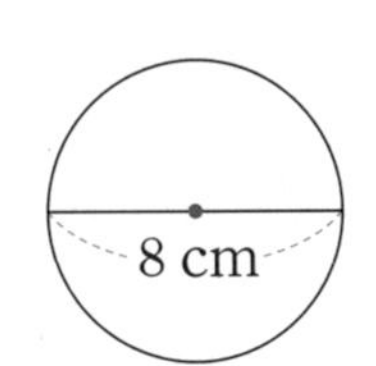

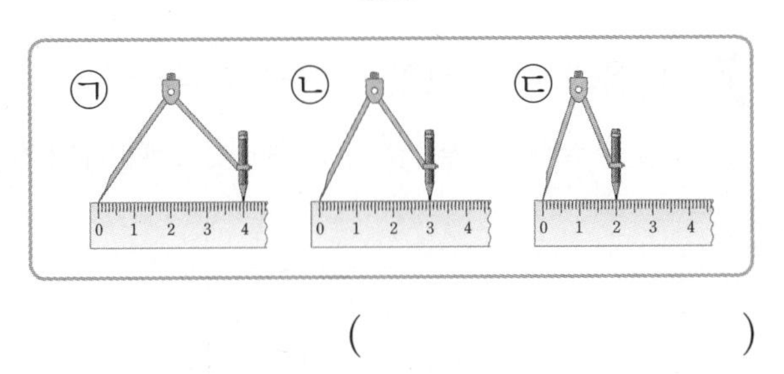

( )

2 원 모양의 시계의 지름이 52 cm일 때 시계의 반지름은 몇 cm입니까?

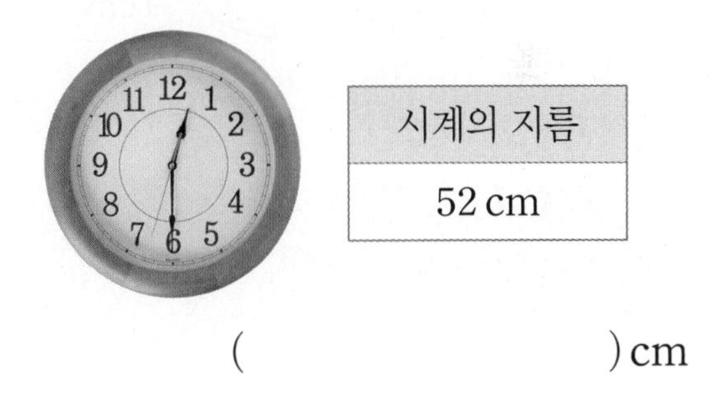

( ) cm

3 100원짜리 동전의 반지름은 몇 mm입니까?

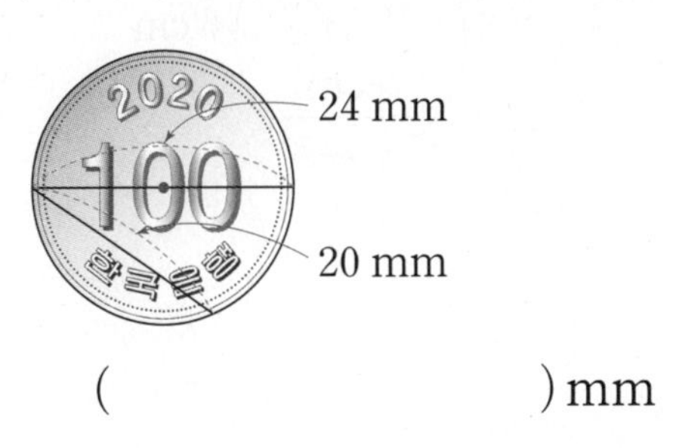

( ) mm

3 단원

• 정답률 95.7 %

유형 3 원의 지름 구하기

원의 지름은 몇 cm입니까?

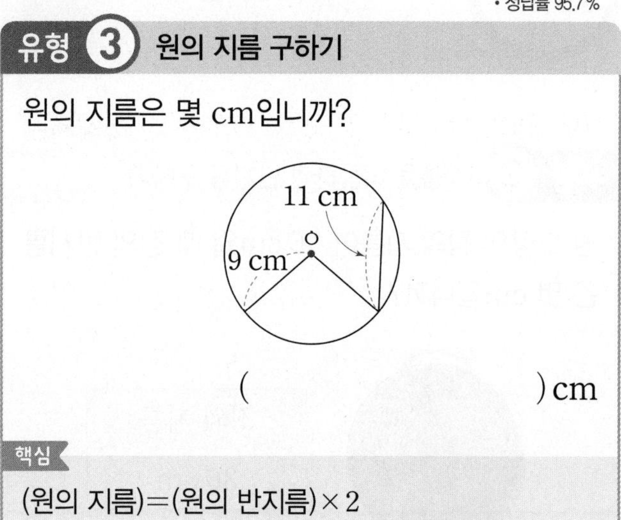

( )cm

핵심

(원의 지름)=(원의 반지름)×2

• 정답률 93.6 %

유형 4 컴퍼스의 침을 꽂아야 할 곳 찾기

원을 이용하여 다음과 같은 모양을 그리려고 합니다. 컴퍼스의 침을 꽂아야 할 곳은 모두 몇 군데입니까?

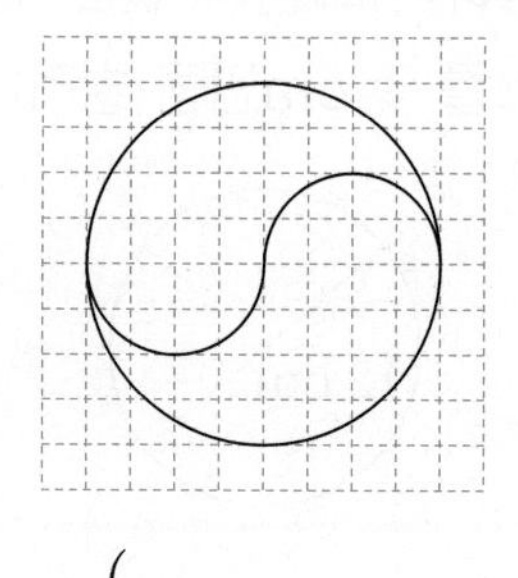

( )군데

핵심

컴퍼스의 침을 꽂아야 할 곳은 원의 중심입니다.

4 원의 지름은 몇 cm입니까?

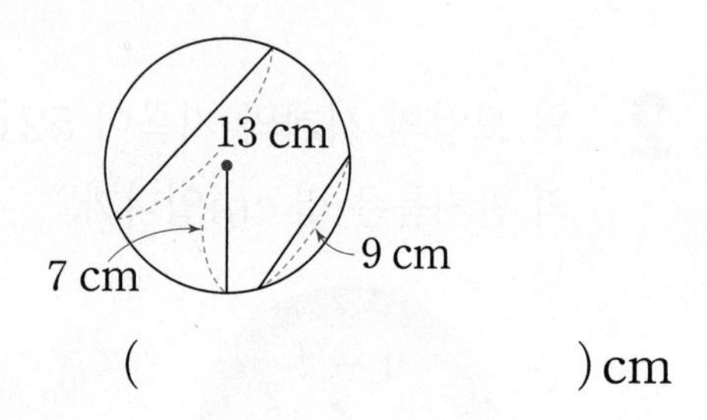

( )cm

5 더 큰 원의 지름은 몇 cm입니까?

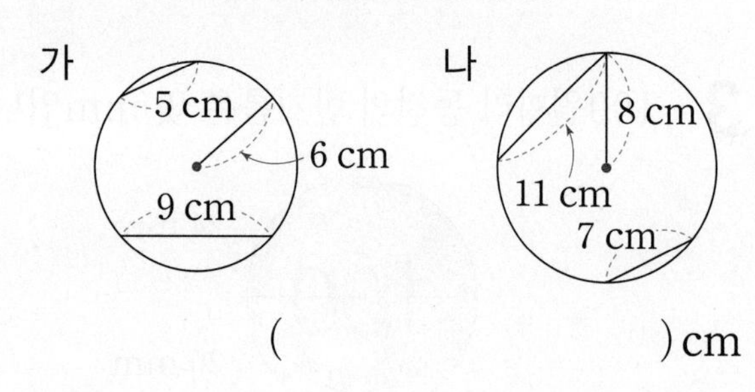

( )cm

6 원을 이용하여 다음과 같은 모양을 그리려고 합니다. 컴퍼스의 침을 꽂아야 할 곳은 모두 몇 군데입니까?

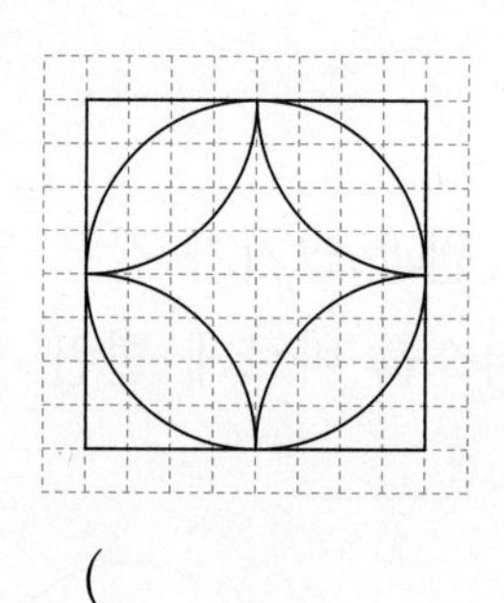

( )군데

7 다음과 같은 모양을 그리기 위하여 컴퍼스의 침을 꽂아야 할 곳은 모두 몇 군데입니까?

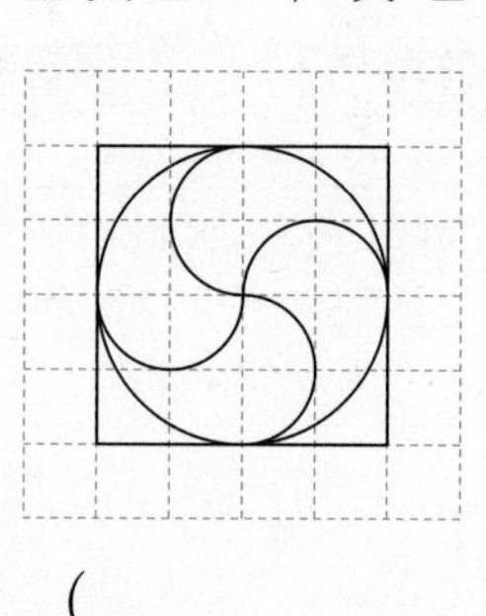

( )군데

• 정답률 90.4 %

유형 5 원의 반지름을 이용하여 정사각형의 한 변의 길이 구하기

그림과 같이 정사각형 안에 가장 큰 원을 그렸습니다. 정사각형의 한 변의 길이는 몇 cm입니까?

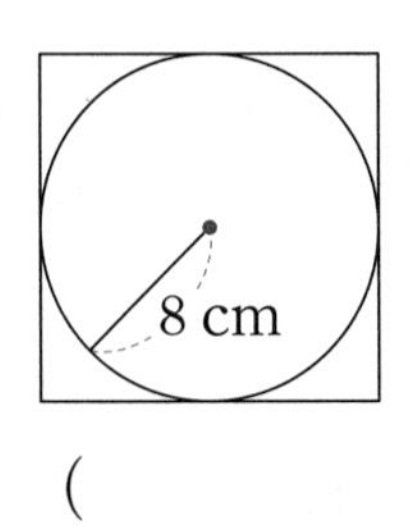

( ) cm

핵심

(정사각형의 한 변의 길이)=(원의 지름)

• 정답률 88.6 %

유형 6 원 안에 작은 원이 있을 때 지름 구하기

작은 원의 반지름이 15 cm일 때 큰 원의 지름은 몇 cm입니까?

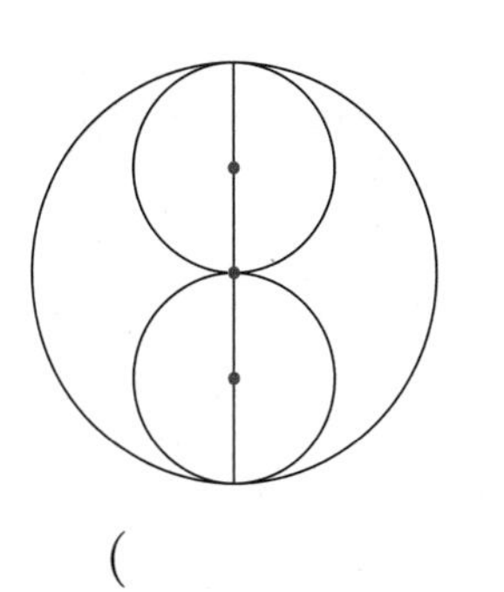

( ) cm

핵심

(큰 원의 지름)=(작은 원의 반지름)×4

8 그림과 같이 정사각형 안에 가장 큰 원을 그렸습니다. 정사각형의 한 변의 길이는 몇 cm입니까?

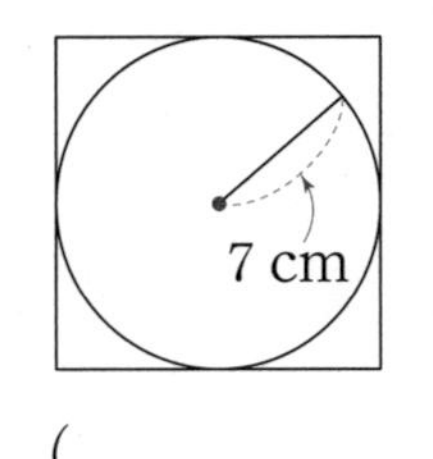

( ) cm

9 그림은 정하가 그린 태극 무늬입니다. 정사각형의 한 변의 길이는 몇 cm입니까?

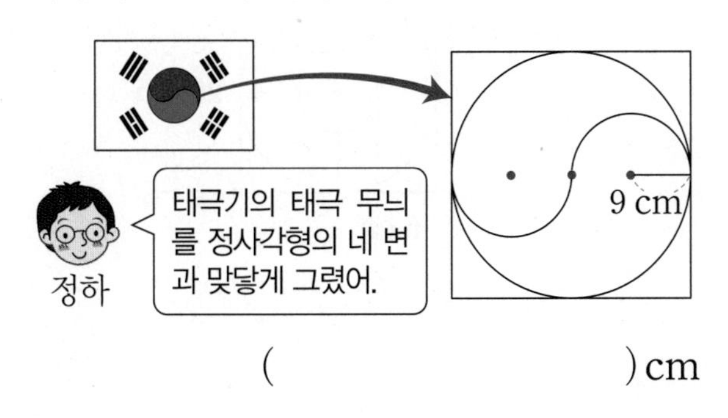

태극기의 태극 무늬를 정사각형의 네 변과 맞닿게 그렸어.
정하
9 cm

( ) cm

10 작은 원의 반지름이 6 cm일 때 세 원의 지름의 합은 몇 cm입니까?

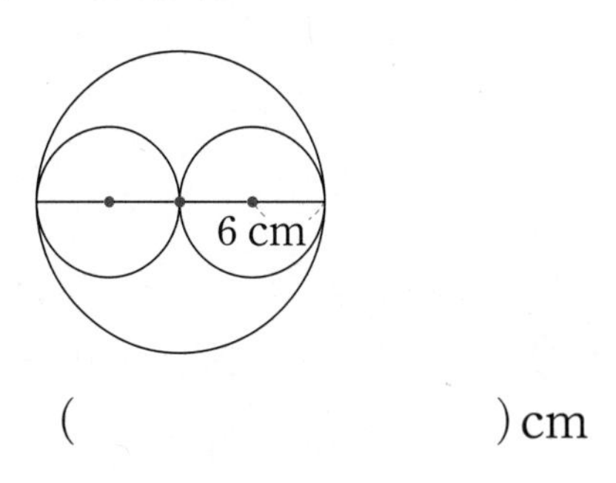

( ) cm

3 단원

• 정답률 88.6 %

유형 7 원의 중심의 개수 구하기

그림에서 찾을 수 있는 원의 중심은 모두 몇 개입니까?

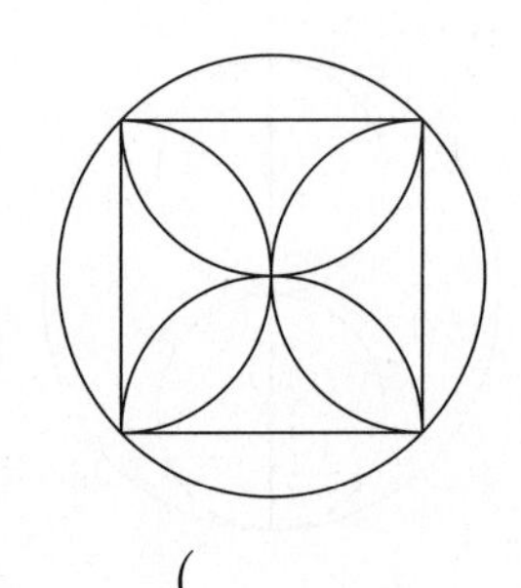

( )개

핵심

원의 중심: 원을 그릴 때에 컴퍼스의 침이 꽂혔던 곳

• 정답률 88.5 %

유형 8 반지름을 이용하여 정사각형의 네 변의 길이의 합 구하기

오른쪽 그림에서 정사각형의 네 변의 길이의 합은 몇 cm 입니까?

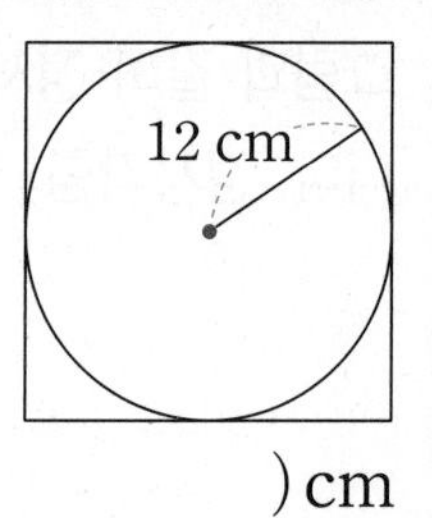

( ) cm

핵심

(원의 지름)=(정사각형의 한 변의 길이)

11 그림에서 찾을 수 있는 원의 중심은 모두 몇 개입니까?

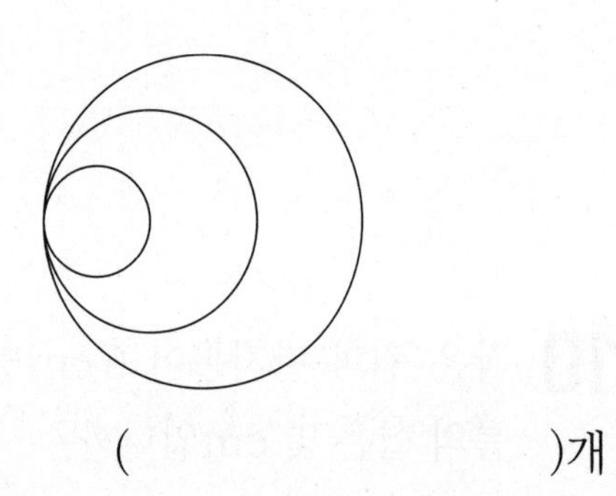

( )개

12 두 도형에서 찾을 수 있는 원의 중심의 개수의 합은 몇 개입니까?

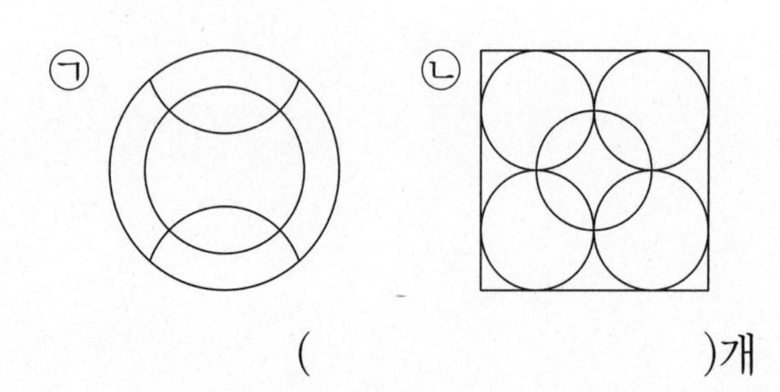

( )개

13 오른쪽 그림에서 정사각형의 네 변의 길이의 합은 몇 cm입니까?

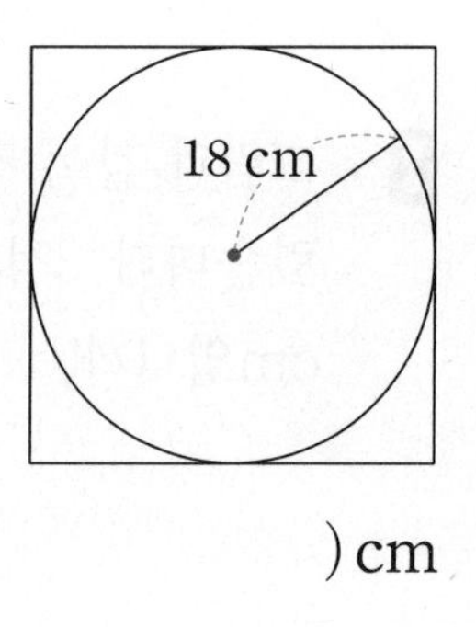

( ) cm

14 정사각형 안에 2개의 원과 1개의 작은 정사각형을 그렸습니다. 작은 정사각형의 네 변의 길이의 합은 몇 cm입니까?

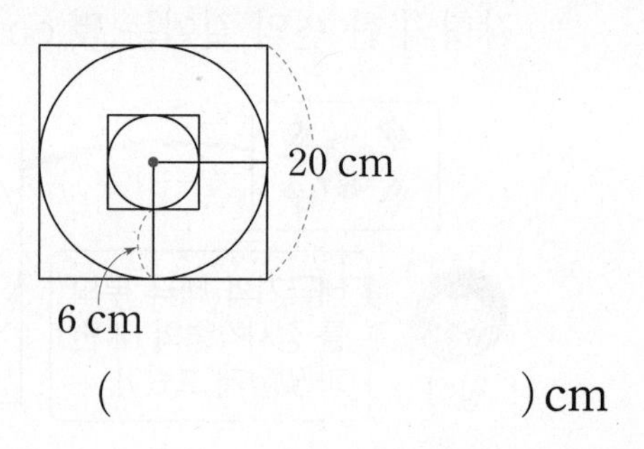

( ) cm

• 정답률 85.9 %

유형 9 지름의 합 또는 차 구하기

두 원의 지름의 차를 구하시오.

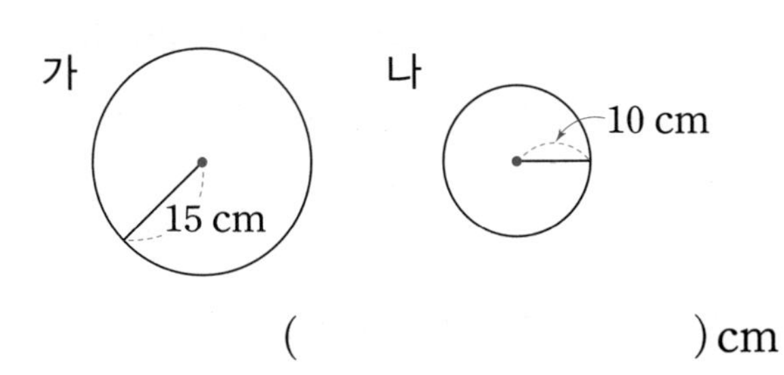

( ) cm

주의

두 원의 반지름의 차를 구하지 않도록 주의합니다.

• 정답률 85.1 %

유형 10 주어진 선분에서 원의 반지름 구하기

크기가 같은 원 4개를 그림과 같이 서로 원의 중심을 지나도록 겹치게 이어 붙였습니다. 원의 반지름은 몇 cm입니까?

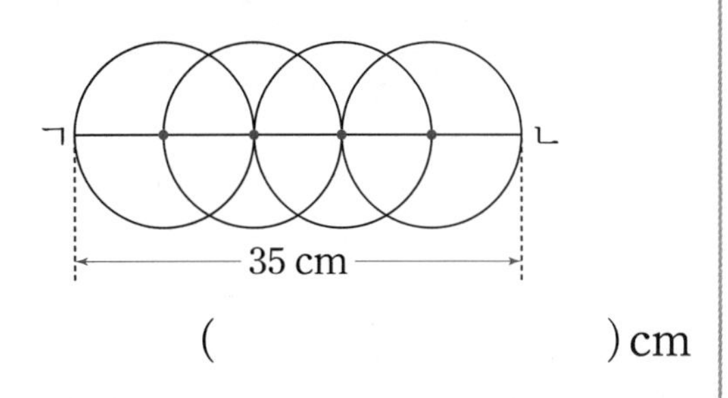

( ) cm

핵심

원이 1개씩 늘어날 때마다 반지름이 1개씩 늘어납니다.

15 두 원의 지름의 합을 구하시오.

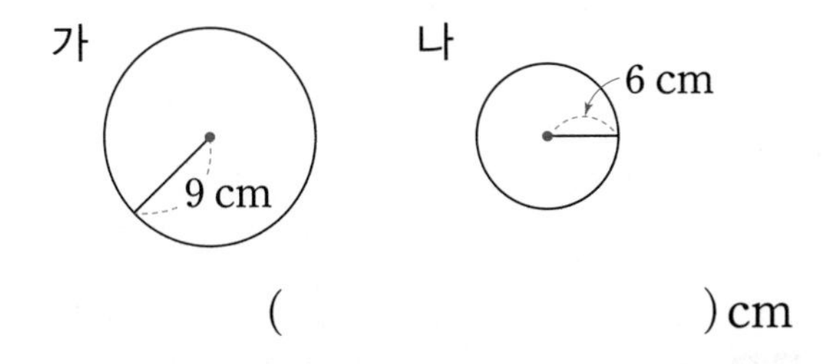

( ) cm

16 가장 큰 원과 가장 작은 원의 지름의 차를 구하시오.

㉠ 반지름이 3 cm인 원
㉡ 지름이 5 cm인 원
㉢ 반지름이 4 cm인 원

( ) cm

17 크기가 같은 원 8개를 그림과 같이 서로 원의 중심을 지나도록 겹치게 이어 붙였습니다. 원의 반지름은 몇 cm입니까?

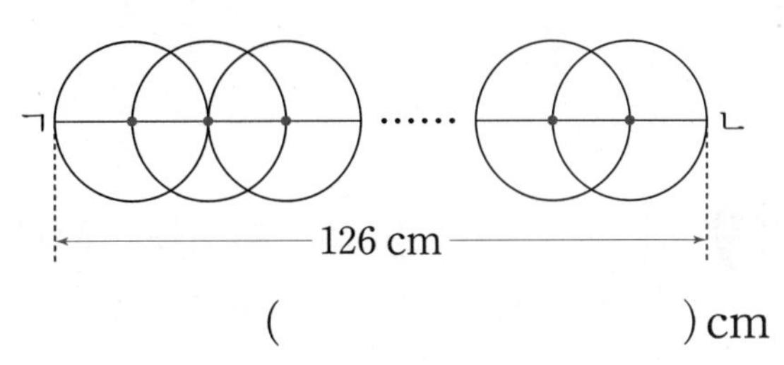

( ) cm

• 정답률 84.6 %

유형 11 맞닿는 원에서 선분의 길이 구하기

점 ㄱ, 점 ㄴ, 점 ㄷ은 각 원의 중심입니다. 선분 ㄱㄷ의 길이는 몇 cm입니까?

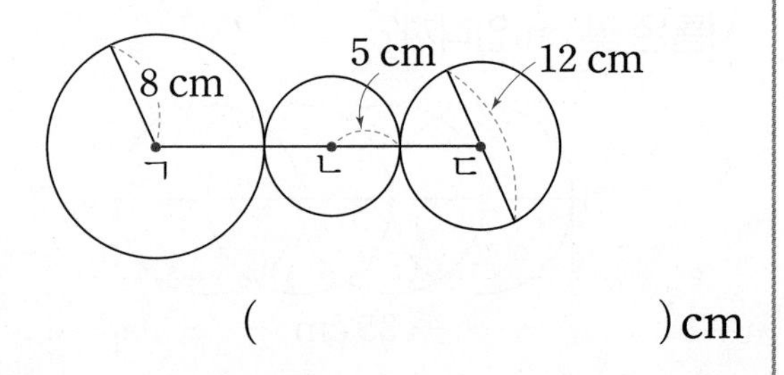

( ) cm

핵심

선분 ㄱㄷ의 길이를 원의 지름과 반지름을 이용하여 구합니다.

• 정답률 82.7 %

유형 12 겹쳐진 원에서 원의 반지름 구하기

점 ㄴ과 점 ㄹ은 각 원의 중심입니다. 사각형 ㄱㄴㄷㄹ의 네 변의 길이의 합이 50 cm일 때 작은 원의 반지름은 몇 cm입니까?

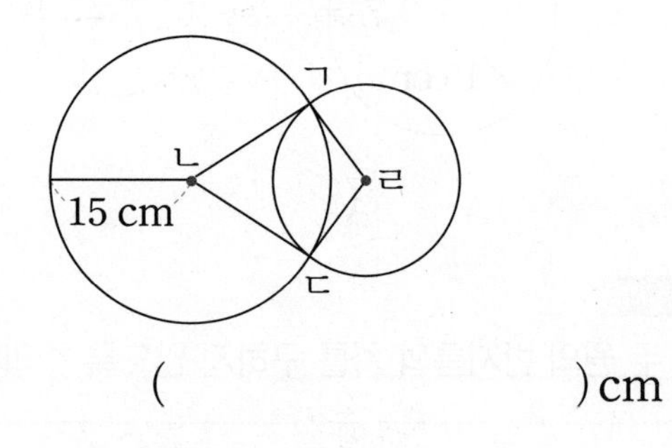

( ) cm

핵심

한 원에서 반지름은 길이가 모두 같습니다.

18 점 ㄱ, 점 ㄴ, 점 ㄷ은 각 원의 중심입니다. 선분 ㄱㄷ의 길이는 몇 cm입니까?

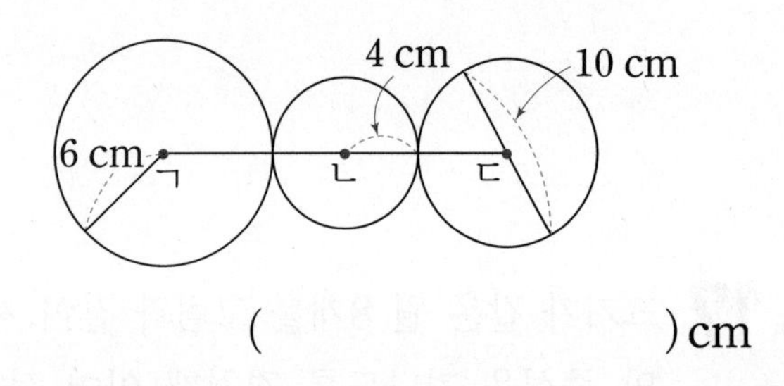

( ) cm

19 점 ㄱ, 점 ㄴ, 점 ㄷ은 각 원의 중심입니다. 선분 ㄹㅁ의 길이는 몇 cm입니까?

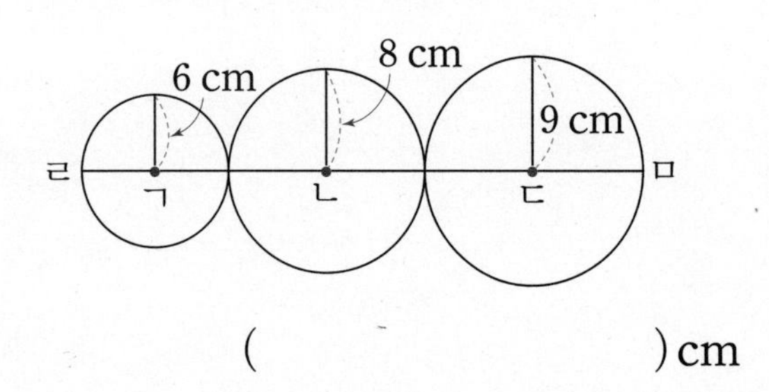

( ) cm

20 점 ㄴ과 점 ㄹ은 각 원의 중심입니다. 사각형 ㄱㄴㄷㄹ의 네 변의 길이의 합이 48 cm일 때 작은 원의 반지름은 몇 cm입니까?

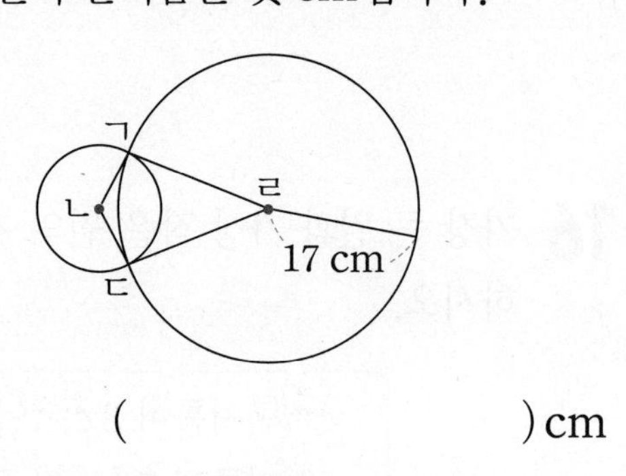

( ) cm

• 정답률 81 %

유형 13 원의 중심을 이어 만든 도형의 변의 길이의 합 구하기

세 원을 그림과 같이 맞닿게 그린 후 세 원의 중심을 이었습니다. 삼각형 ㄱㄴㄷ의 세 변의 길이의 합은 몇 cm입니까?

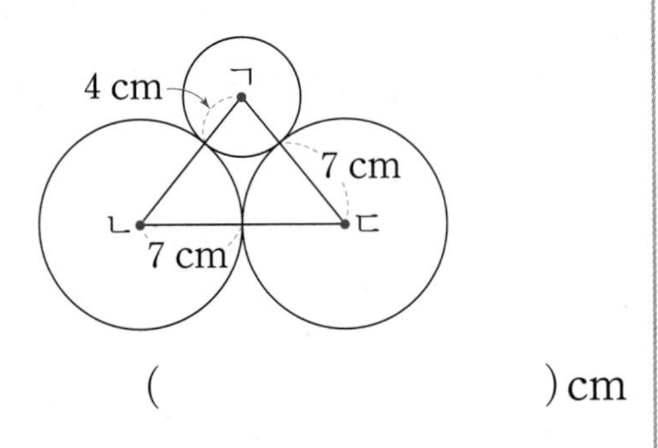

( ) cm

핵심

삼각형의 세 변의 길이는 각 원의 반지름을 이용하여 구합니다.

• 정답률 75 %

유형 14 원이 겹쳐진 부분의 길이 구하기

그림과 같이 직사각형 안에 똑같은 원 4개를 겹치는 부분이 같도록 그렸습니다. ㉠에 알맞은 수를 구하시오.

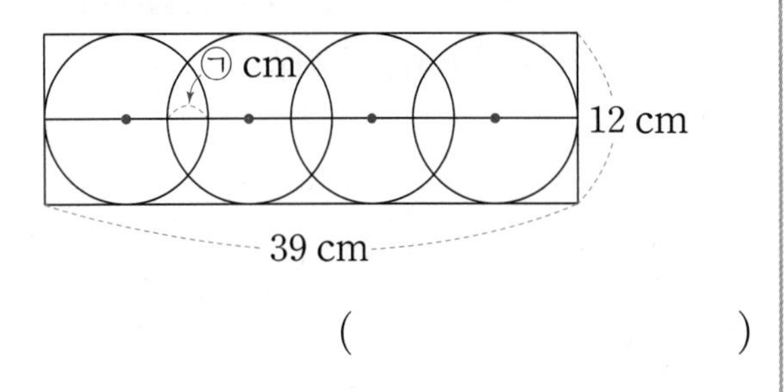

( )

핵심

원 ■개를 겹쳐진 부분이 같도록 한줄로 겹쳐 놓으면 겹쳐진 부분은 (■ − 1)군데입니다.

21 네 원을 그림과 같이 맞닿게 그린 후 네 원의 중심을 이었습니다. 사각형 ㄱㄴㄷㄹ의 네 변의 길이의 합은 몇 cm입니까?

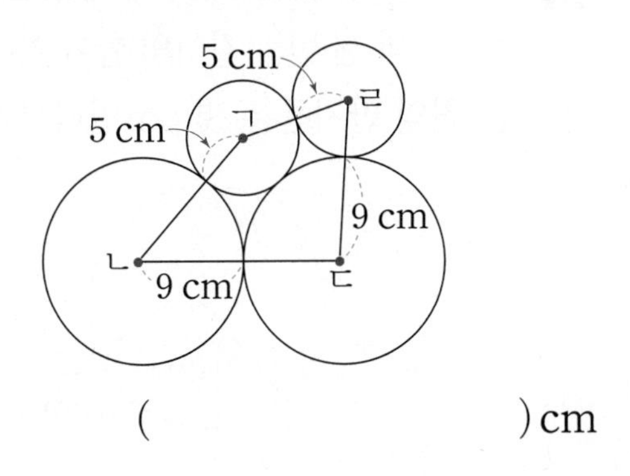

( ) cm

22 그림과 같이 직사각형 안에 똑같은 원 5개를 겹쳐진 부분이 같도록 그렸습니다. ㉠×㉡의 값을 구하시오.

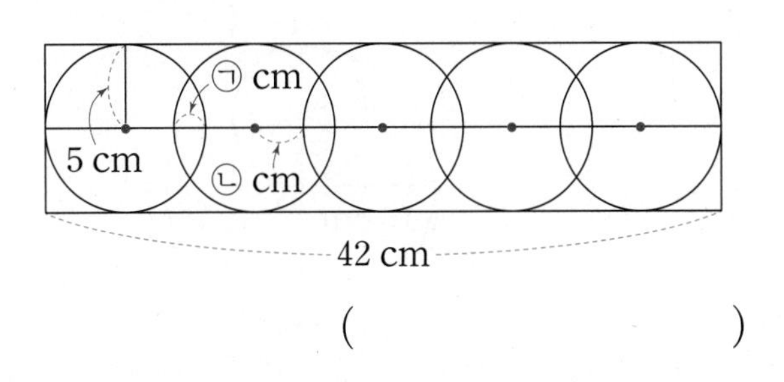

( )

• 정답률 66.7%

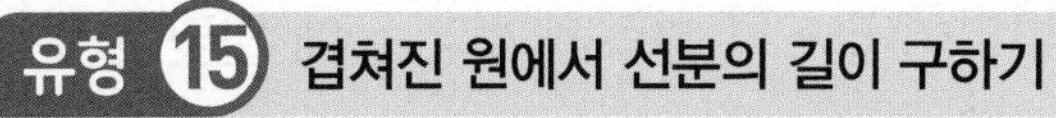

유형 15 겹쳐진 원에서 선분의 길이 구하기

점 ㄴ, 점 ㄷ, 점 ㅇ은 각 원의 중심입니다. 선분 ㄱㄷ의 길이는 몇 cm입니까?

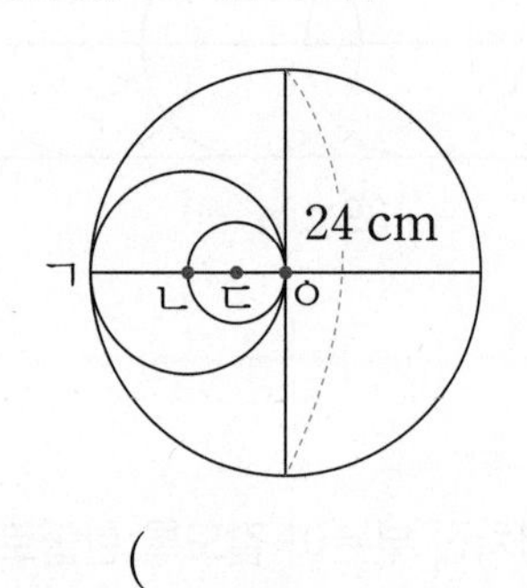

( ) cm

핵심

선분 ㄱㅇ은 가장 큰 원의 반지름입니다.

• 정답률 60.2%

유형 16 도형의 선분과 관련된 원의 반지름 구하기

점 ㄴ과 점 ㄷ은 각 원의 중심입니다. 삼각형 ㄱㄴㄷ의 세 변의 길이의 합이 28 cm일 때 작은 원의 반지름은 몇 cm입니까?

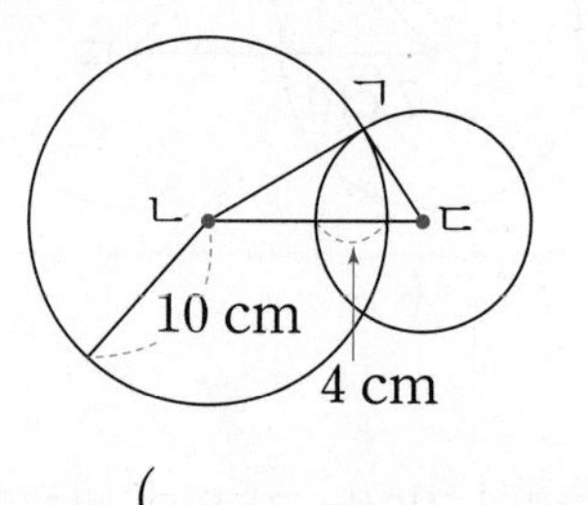

( ) cm

핵심

선분 ㄴㄷ의 길이는 다음과 같이 구합니다.

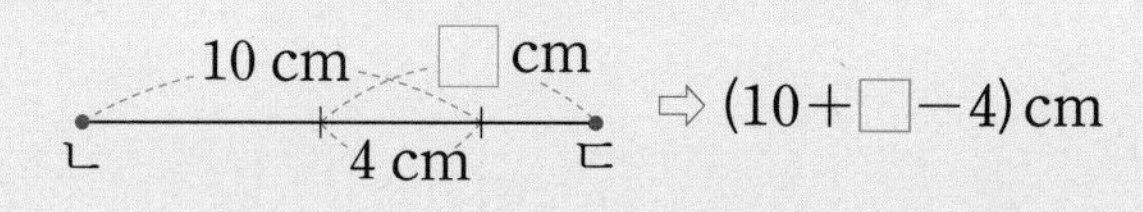

23 점 ㄴ, 점 ㄷ, 점 ㅇ은 각 원의 중심입니다. 선분 ㄱㄷ의 길이는 몇 cm입니까?

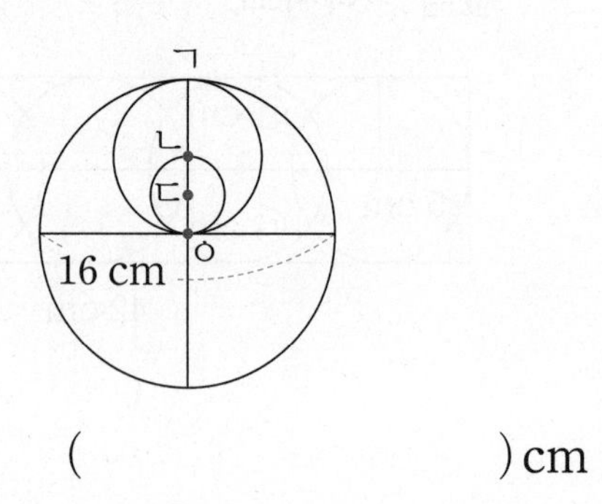

( ) cm

24 점 ㄴ과 점 ㄷ은 각 원의 중심입니다. 삼각형 ㄱㄴㄷ의 세 변의 길이의 합이 25 cm일 때 작은 원의 반지름은 몇 cm입니까?

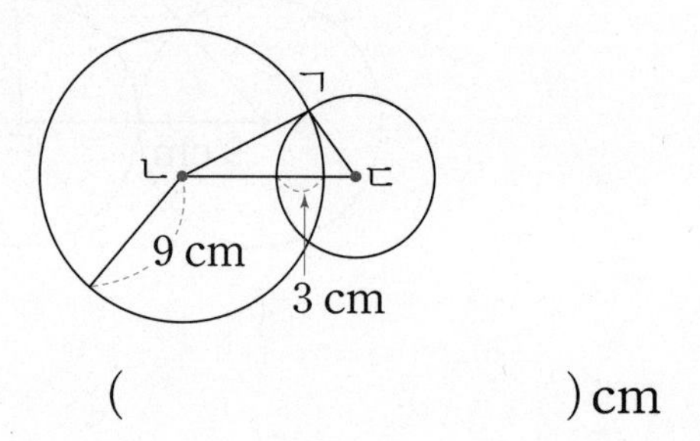

( ) cm

• 정답률 58 %

유형 17 직사각형에서 선분의 길이 구하기

직사각형 ㄱㄴㄷㄹ의 네 변의 길이의 합은 40 cm입니다. 점 ㄴ, 점 ㄷ, 점 ㄹ을 원의 중심으로 하는 원 3개를 이용하여 다음과 같이 그렸을 때 선분 ㄹㅂ의 길이는 몇 cm입니까?

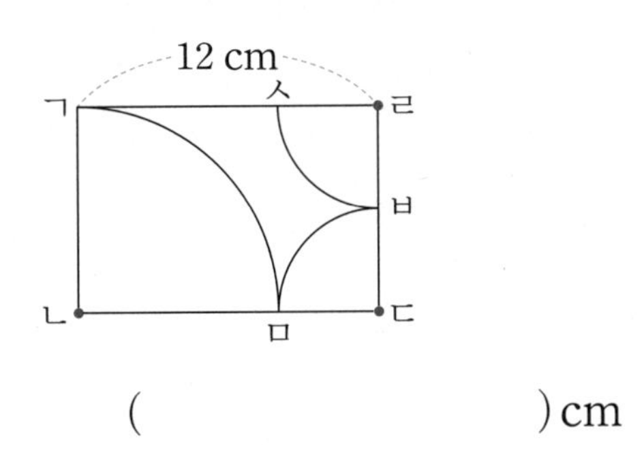

( ) cm

핵심

직사각형의 세로를 먼저 구합니다.

• 정답률 55 %

유형 18 크고 작은 원의 지름의 차 구하기

크고 작은 세 종류의 원을 이용하여 그린 것입니다. 각 점이 원의 중심이고 가장 큰 원의 반지름이 10 cm일 때 나머지 두 종류의 원의 지름의 차를 구하시오.

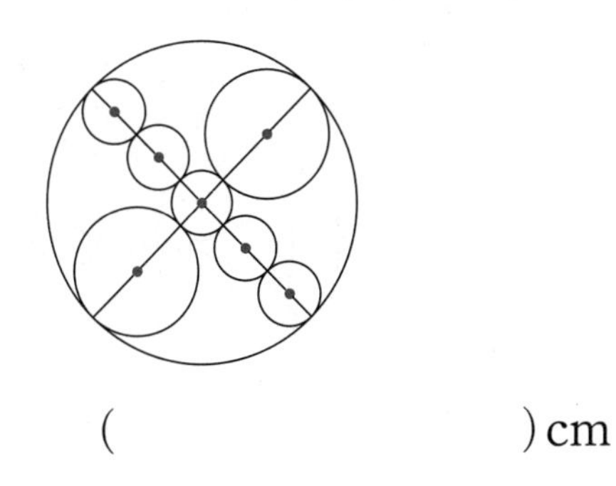

( ) cm

핵심

가장 큰 원의 지름은 가장 작은 원의 지름의 몇 배인지 알아봅니다.

25 직사각형 ㄱㄴㄷㄹ의 네 변의 길이의 합은 64 cm입니다. 점 ㄱ, 점 ㄴ, 점 ㄷ을 원의 중심으로 하는 원 3개를 이용하여 다음과 같이 그렸을 때 선분 ㄱㅁ의 길이는 몇 cm입니까?

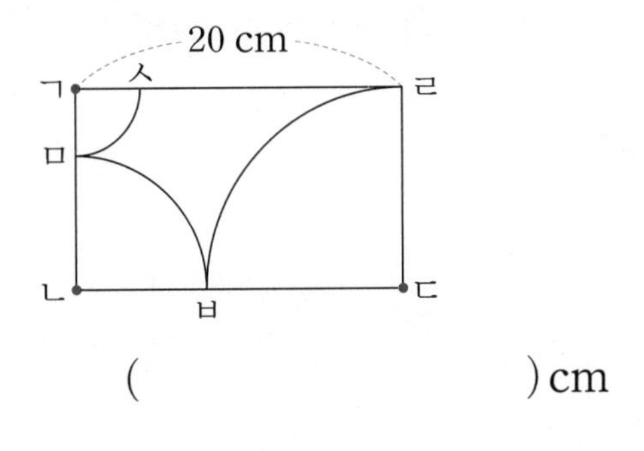

( ) cm

26 크고 작은 세 종류의 원을 이용하여 그린 것입니다. 각 점이 원의 중심이고 가장 큰 원의 반지름이 15 cm일 때 나머지 두 종류의 원의 지름의 차를 구하시오.

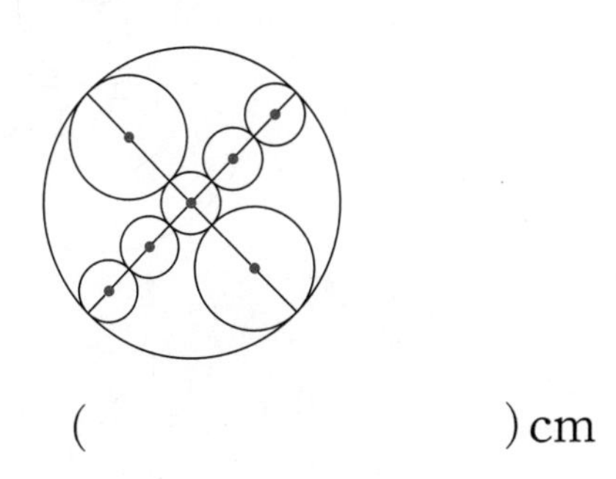

( ) cm

3단원 종합

유형 4

1 태형이는 원을 이용하여 다음과 같은 모양을 그리려고 합니다. 컴퍼스의 침을 꽂아야 할 곳은 모두 몇 군데입니까?

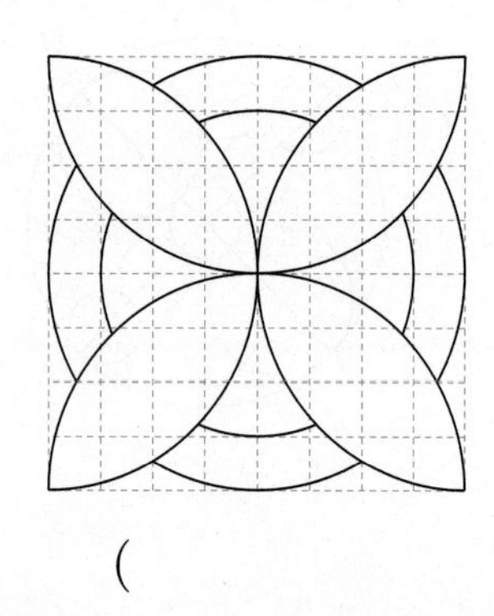

(　　　　　　　)군데

2 점 ㄱ, 점 ㄴ, 점 ㄷ은 각 원의 중심입니다. 선분 ㄴㄹ의 길이는 몇 cm입니까?

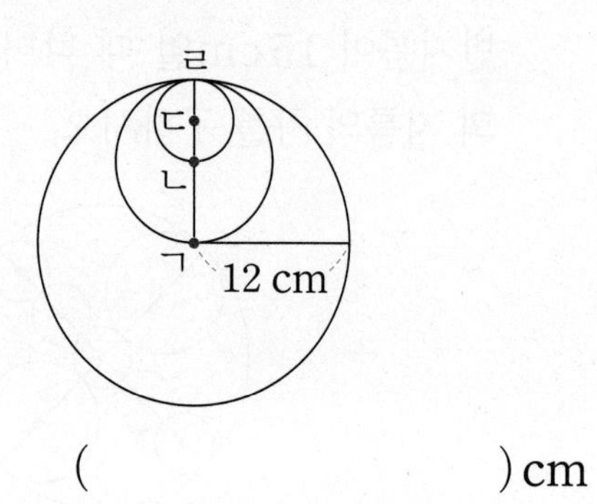

(　　　　　　　) cm

유형 9

3 두 원의 지름의 합은 몇 cm입니까?

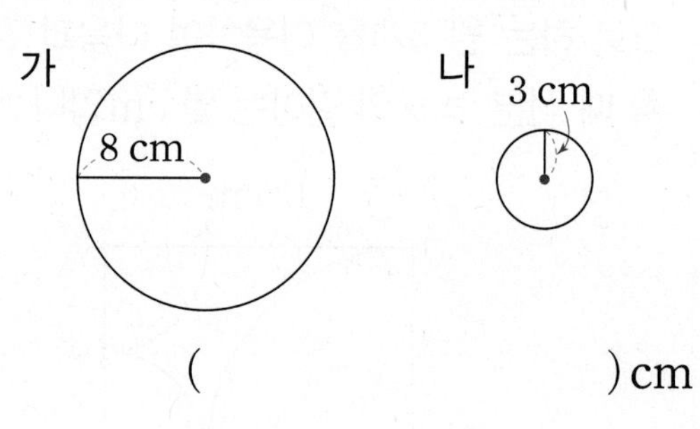

(　　　　　　　) cm

유형 6

4 큰 원의 지름이 64 cm일 때 작은 원 한 개의 반지름은 몇 cm입니까?

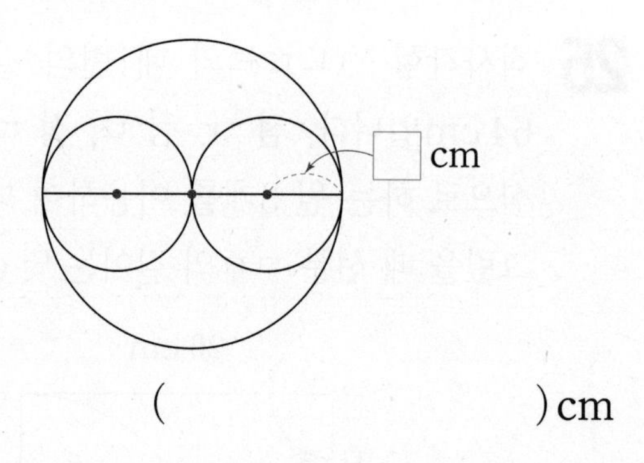

(　　　　　　　) cm

유형 ⑩

5 크기가 같은 원 5개를 그림과 같이 서로 원의 중심을 지나도록 겹치게 이어 붙였습니다. 선분 ㄱㄴ의 길이가 72 cm일 때 원의 반지름은 몇 cm입니까?

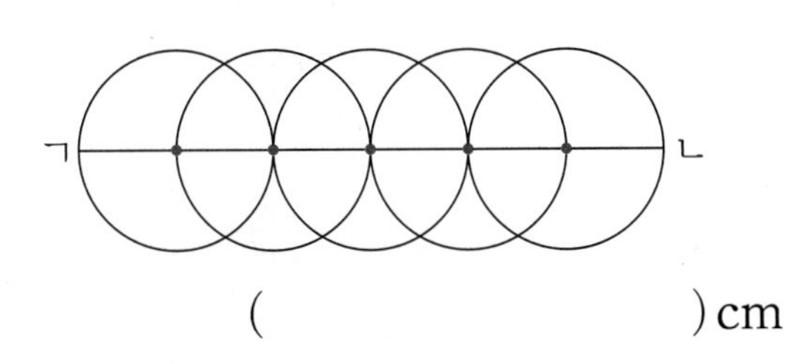

(　　　　　　　　) cm

6 직사각형 안에 반지름이 5 cm인 원 3개를 맞닿게 그린 것입니다. 직사각형의 네 변의 길이의 합은 몇 cm입니까?

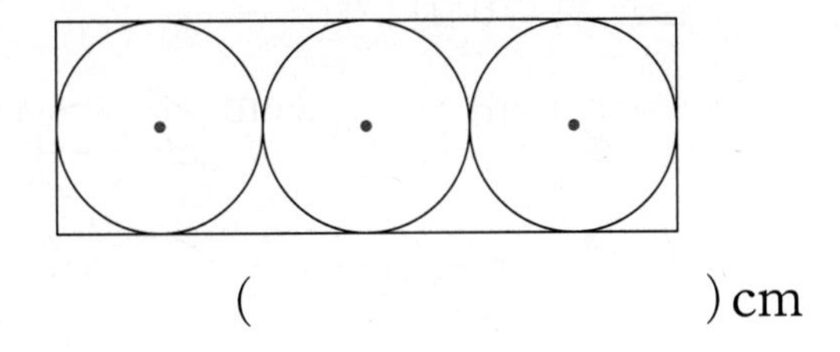

(　　　　　　　　) cm

유형 ⑫

7 점 ㄴ과 점 ㄹ은 각 원의 중심입니다. 사각형 ㄱㄴㄷㄹ의 네 변의 길이의 합이 50 cm일 때 큰 원의 반지름은 몇 cm입니까?

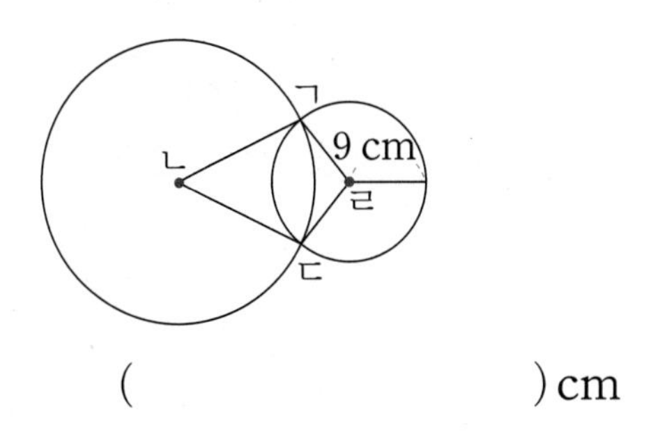

(　　　　　　　　) cm

유형 ⑬

8 세 원을 그림과 같이 맞닿게 그린 후 세 원의 중심을 이었습니다. 삼각형 ㄱㄴㄷ의 세 변의 길이의 합은 몇 cm입니까?

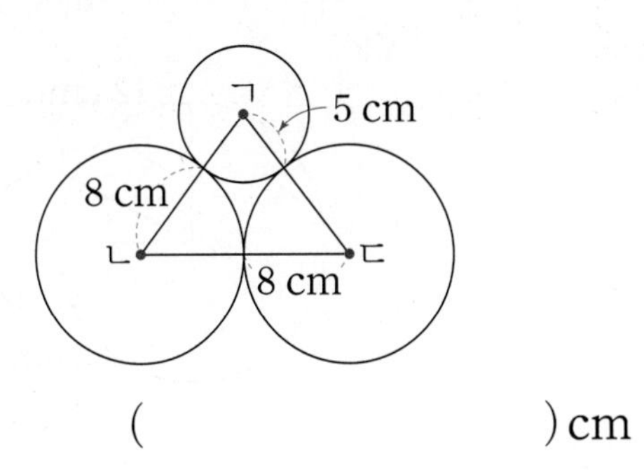

(　　　　　　　　) cm

유형 15

9 그림에서 가장 큰 원의 지름은 32 cm이고, 점 ㄴ, 점 ㄷ, 점 ㄹ, 점 ㅁ, 점 ㅇ은 각 원의 중심입니다. 선분 ㄱㄹ의 길이는 몇 cm입니까?

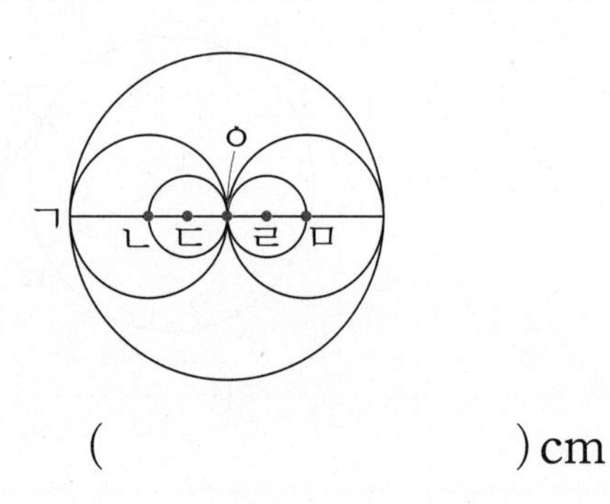

( ) cm

유형 16

10 점 ㄴ과 점 ㄷ은 각 원의 중심입니다. 삼각형 ㄱㄴㄷ의 세 변의 길이의 합이 31 cm 일 때 두 원의 반지름의 차를 구하시오.

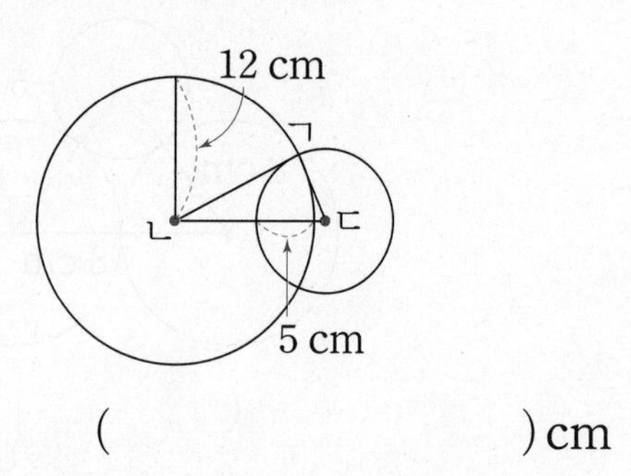

( ) cm

유형 18

11 다음은 크고 작은 세 종류의 원을 이용하여 그린 것입니다. 각 점이 원의 중심이고 가장 큰 원의 반지름이 21 cm일 때 나머지 두 종류의 원의 지름의 차를 구하시오.

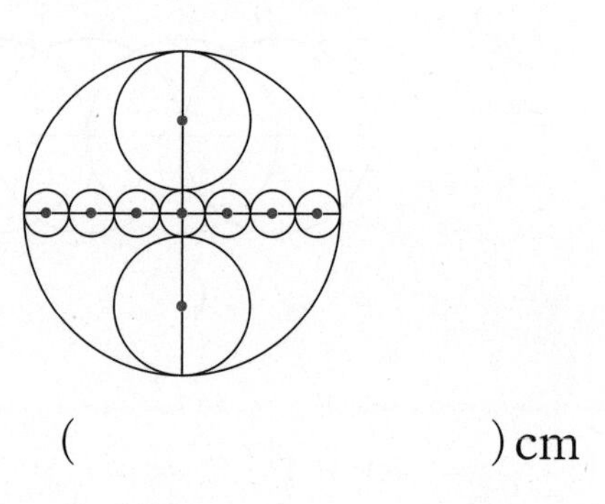

( ) cm

12 반지름을 일정한 규칙에 따라 늘여가면서 원을 그렸습니다. 10번째에 그리게 될 원의 지름은 몇 cm입니까?

1 cm ⇨ 2 cm ⇨ 4 cm

⇨ 5 cm ⇨ 7 cm ……

( ) cm

4단원 기출 유형

정답률 75% 이상

• 정답률 90.7 %

유형 1 가분수 알아보기

가분수는 모두 몇 개입니까?

$\frac{3}{5}$ $\frac{8}{7}$ $1\frac{1}{2}$ $\frac{9}{11}$ $\frac{6}{6}$

( )개

핵심

가분수: 분자가 분모와 같거나 분모보다 큰 분수

• 정답률 88.5 %

유형 2 대분수를 가분수로 나타내기

대분수를 가분수로 나타내려고 합니다. ㉠에 알맞은 수를 구하시오.

$4\frac{8}{15}=\frac{㉠}{15}$

( )

핵심

4를 분모가 15인 분수로 나타내어 봅니다.

1 가분수는 모두 몇 개입니까?

$\frac{5}{8}$ $\frac{11}{5}$ $\frac{8}{9}$ $\frac{7}{7}$ $\frac{3}{10}$ $\frac{4}{3}$

( )개

2 가분수가 아닌 분수는 모두 몇 개입니까?

$1\frac{1}{3}$ $\frac{7}{6}$ $\frac{11}{11}$ $\frac{3}{4}$ $\frac{5}{9}$ $\frac{9}{8}$ $\frac{17}{12}$

( )개

3 대분수를 가분수로 나타내려고 합니다. ㉠에 알맞은 수를 구하시오.

$3\frac{7}{12}=\frac{㉠}{12}$

( )

4 ㉠, ㉡, ㉢에 알맞은 수 중 가장 큰 수를 찾아 쓰시오.

$2\frac{4}{13}=\frac{㉠}{13}$, $3\frac{5}{8}=\frac{㉡}{8}$, $2\frac{9}{11}=\frac{㉢}{11}$

( )

• 정답률 86.7 %

유형 3 색칠한 부분의 크기 구하기

도형의 전체 크기가 80이라면 색칠한 부분의 크기는 얼마입니까?

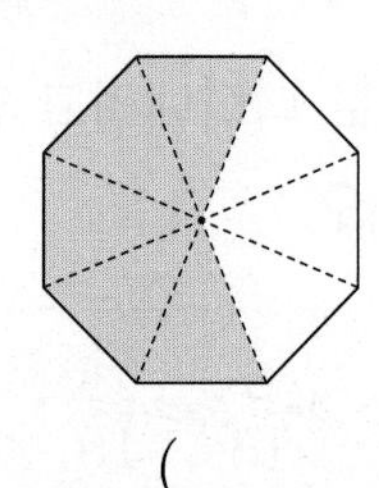

( )

핵심

색칠한 부분의 크기를 분수로 나타내기

예 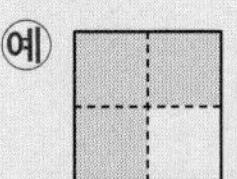 전체를 똑같이 4로 나눈 것 중의 3

⇨ $\frac{3}{4}$

• 정답률 86.6 %

유형 4 분수만큼을 수직선에 나타내기

20의 $\frac{4}{5}$만큼 되는 곳은 어느 곳입니까? ……………………………………( )

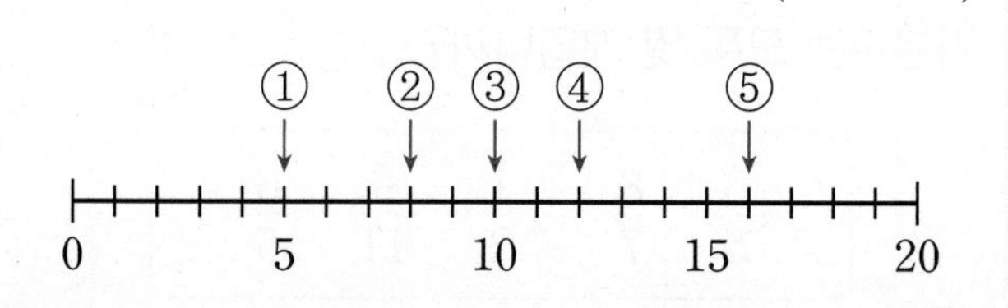

핵심

■의 $\frac{●}{▲}$만큼 알아보기

⇨ ■를 똑같이 ▲묶음으로 나눈 것 중의 ●

5 도형의 전체 크기가 135라면 색칠한 부분의 크기는 얼마입니까?

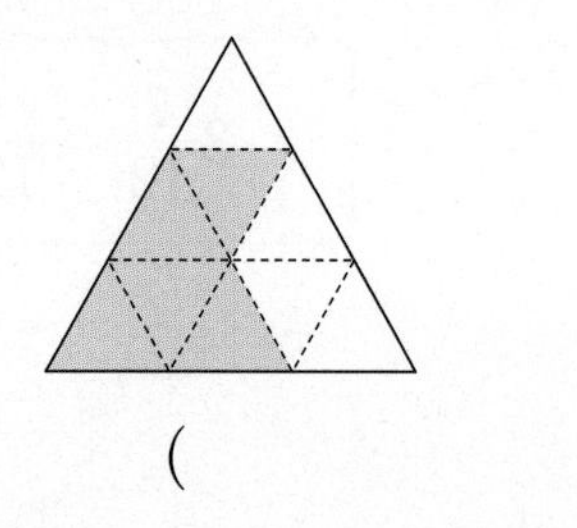

( )

6 도형의 전체 크기가 96이라면 색칠하지 <u>않은</u> 부분의 크기는 얼마입니까?

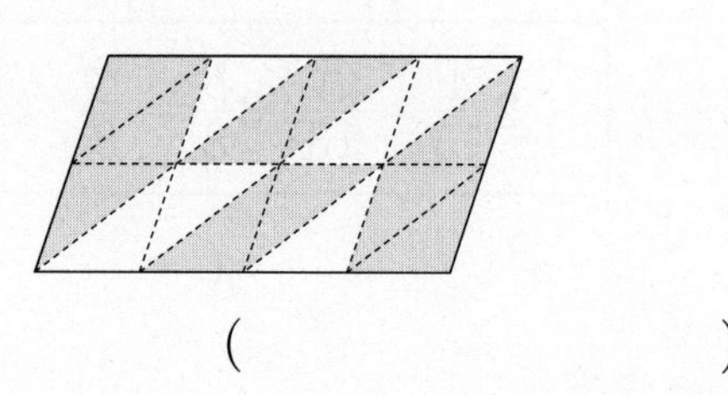

( )

7 16의 $\frac{5}{8}$만큼 되는 곳은 어느 곳입니까? ……………………………………( )

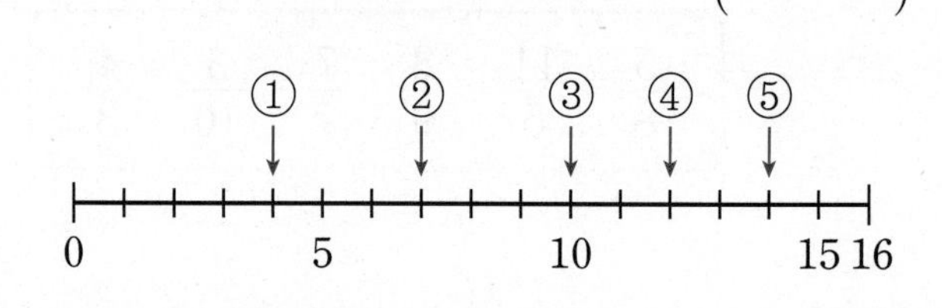

8 색 테이프 18 m의 $\frac{2}{6}$를 사용하고 남은 길이만큼 되는 곳은 어느 곳입니까? ……( )

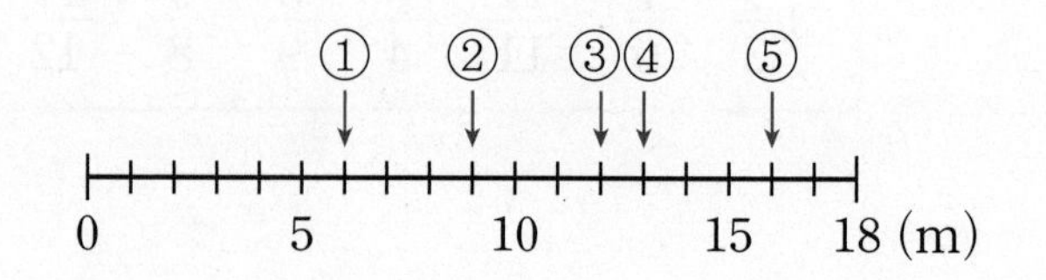

• 정답률 85.6 %

유형 5 분모가 될 수 있는 수 구하기

다음 분수는 대분수입니다. 1부터 9까지의 수 중에서 □ 안에 들어갈 수 있는 수는 모두 몇 개입니까?

$$2\frac{5}{\square}$$

(　　　　　　　　)개

핵심

대분수: 자연수와 진분수로 이루어진 분수

9 다음 분수는 대분수입니다. 1부터 9까지의 수 중에서 □ 안에 들어갈 수 있는 수는 모두 몇 개입니까?

$$4\frac{7}{\square}$$

(　　　　　　　　)개

10 다음 분수는 대분수입니다. 10부터 20까지의 수 중에서 □ 안에 들어갈 수 있는 수는 모두 몇 개입니까?

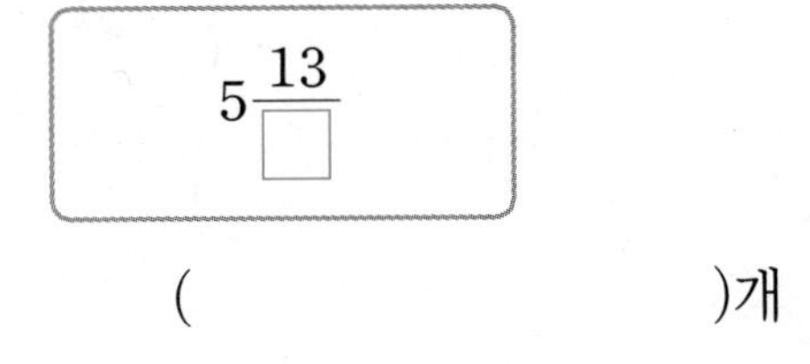

(　　　　　　　　)개

• 정답률 83.2 %

유형 6 가장 큰(작은) 분수 구하기

오른쪽은 가분수입니다. □ 안에 들어갈 수 있는 자연수 중에서 가장 작은 수를 구하시오.

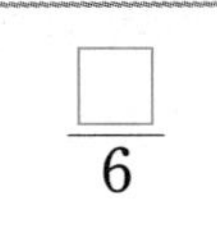

(　　　　　　　　)

핵심

가분수는 분자가 분모와 같거나 분모보다 큰 분수입니다.

11 오른쪽은 가분수입니다. □ 안에 들어갈 수 있는 자연수 중에서 가장 작은 수를 구하시오.

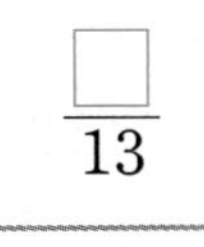

(　　　　　　　　)

12 오른쪽은 진분수입니다. □ 안에 들어갈 수 있는 자연수 중에서 가장 큰 수를 구하시오.

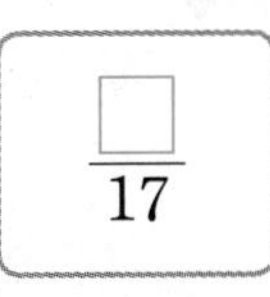

(　　　　　　　　)

• 정답률 83 %

유형 7 수직선에서 가리키는 분수를 가분수로 나타내기

수직선에서 ↓가 나타내는 분수를 분모가 7인 가분수로 나타내었을 때 분자를 구하시오.

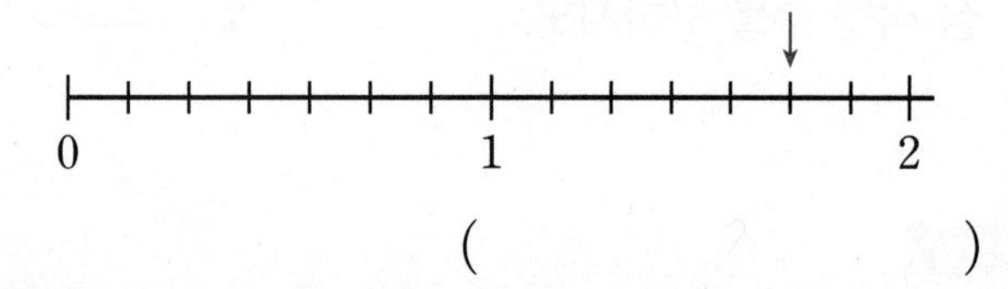

(　　　　　　　　)

핵심

수직선에서 1을 똑같이 나눈 수가 ■이면 작은 눈금 한 칸의 크기는 $\frac{1}{■}$입니다.

• 정답률 82.1 %

유형 8 부분으로 전체를 알아보기

㉠에 알맞은 수를 구하시오.

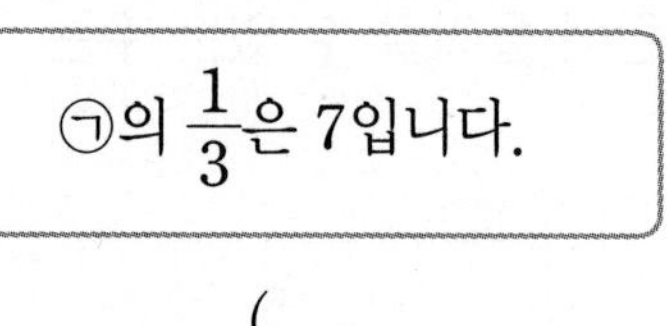

(　　　　　　　　)

핵심

■의 $\frac{1}{▲}$은 ● ⇨ ●×▲=■

13 수직선에서 ↓가 나타내는 분수를 분모가 8인 가분수로 나타내어 보시오.

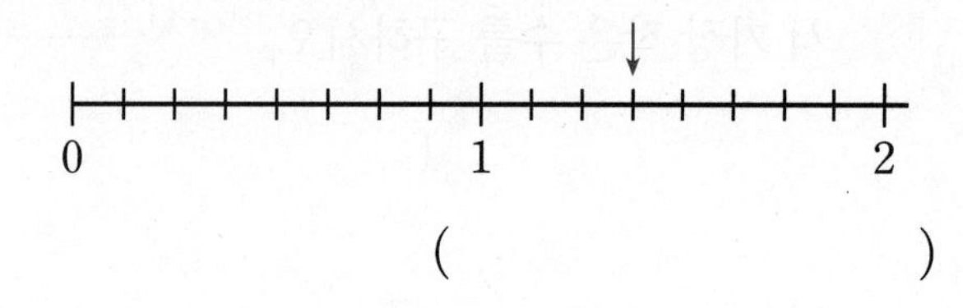

(　　　　　　　　)

14 수직선에서 ㉠이 나타내는 수를 가분수와 대분수로 나타내어 보시오.

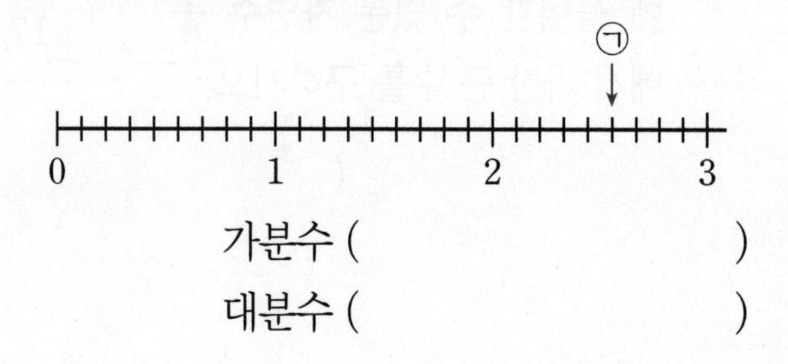

가분수 (　　　　　　　　)

대분수 (　　　　　　　　)

15 ㉠에 알맞은 수를 구하시오.

㉠의 $\frac{1}{6}$은 12입니다.

(　　　　　　　　)

16 어떤 수의 $\frac{7}{8}$은 49입니다. 어떤 수는 얼마입니까?

(　　　　　　　　)

• 정답률 77.4 %

유형 9 가분수와 대분수의 크기 비교

□ 안에 들어갈 수 있는 자연수는 모두 몇 개입니까?

$$\frac{14}{11} > 1\frac{\square}{11}$$

(   )개

핵심
가분수를 대분수로 고쳐서 □ 안에 들어갈 수 있는 자연수를 알아봅니다.

17 □ 안에 들어갈 수 있는 자연수는 모두 몇 개입니까?

$$\frac{16}{10} > 1\frac{\square}{10}$$

(   )개

18 □ 안에 들어갈 수 있는 자연수는 모두 몇 개입니까?

$$\frac{13}{9} < 1\frac{\square}{9}$$

(   )개

• 정답률 75.4 %

유형 10 조건에 맞는 진분수 찾기

분자가 5인 진분수는 어느 것입니까? ····(   )

① $\frac{2}{5}$　② $1\frac{5}{9}$　③ $\frac{5}{7}$

④ $\frac{5}{5}$　⑤ $\frac{5}{4}$

핵심
분자가 5인 분수 중 분자가 분모보다 작은 것을 찾습니다.

19 분자가 4인 진분수는 어느 것입니까?

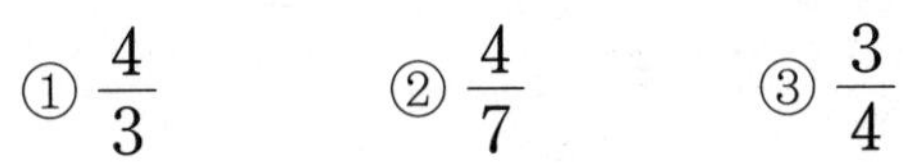
····································(   )

① $\frac{4}{3}$　② $\frac{4}{7}$　③ $\frac{3}{4}$

④ $\frac{2}{4}$　⑤ $1\frac{4}{6}$

20 분자가 9인 진분수 중 가장 큰 수를 구하시오.

(   )

• 정답률 63.7%

유형 11 ■의 $\frac{▲}{●}$는 얼마인지 구하기

□ 안에 알맞은 수를 구하시오.

42의 $\frac{4}{6}$는 □입니다.

(　　　　　　　)

핵심

42를 똑같이 6묶음으로 나누면 한 묶음은 얼마만큼인지 먼저 알아봅니다.

• 정답률 58.6%

유형 12 ■는 ▲의 얼마인지 구하기

□ 안에 알맞은 수를 구하시오.

6은 15의 $\frac{□}{5}$입니다.

(　　　　　　　)

핵심

■는 ▲의 $\frac{♥}{●}$ ⇨ ▲의 $\frac{♥}{●}$는 ■

예 2는 6의 $\frac{1}{3}$ ⇨ 6의 $\frac{1}{3}$은 2

21 □ 안에 알맞은 수를 구하시오.

48의 $\frac{5}{8}$는 □입니다.

(　　　　　　　)

22 상자에 감이 18개 있습니다. 상자에 있는 감의 $\frac{5}{9}$는 몇 개입니까?

(　　　　　　　)개

23 □ 안에 알맞은 수를 구하시오.

14는 21의 $\frac{□}{3}$입니다.

(　　　　　　　)

24 ㉠+㉡의 값을 구하시오.

• 24는 40의 $\frac{6}{㉠}$입니다.

• 9는 18의 $\frac{㉡}{6}$입니다.

(　　　　　　　)

• 정답률 57.6 %

유형 ⑬ 색종이 한 장의 ▲/● 알아보기

색종이 한 장의 $\frac{1}{2}$이 ③, $\frac{1}{4}$이 ②, $\frac{1}{8}$이 ①입니다. ①만을 이용하여 다음 모양과 똑같이 만들기 위해서는 ①은 모두 몇 개 필요합니까?

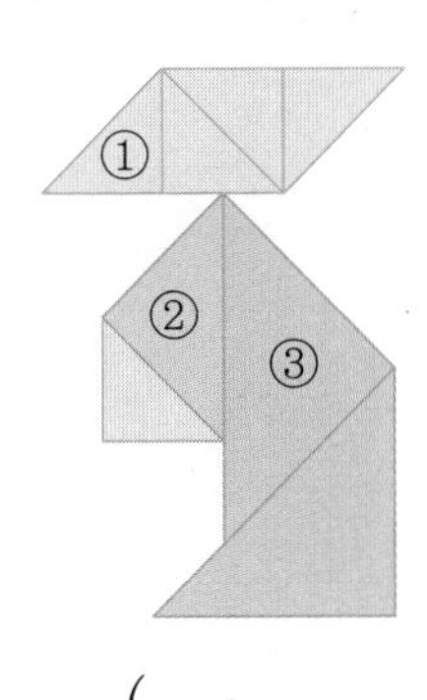

( )개

핵심

①은 ②의 $\frac{1}{2}$이고 ①은 ③의 $\frac{1}{4}$입니다.

25 색종이 한 장의 $\frac{1}{2}$이 ③, $\frac{1}{4}$이 ②, $\frac{1}{8}$이 ①입니다. ③만 ① 또는 ②로 바꾸어 다음 모양과 똑같이 만들려고 합니다. 조각 수를 가장 많게 하여 만든다면 모두 몇 개의 조각이 필요합니까?

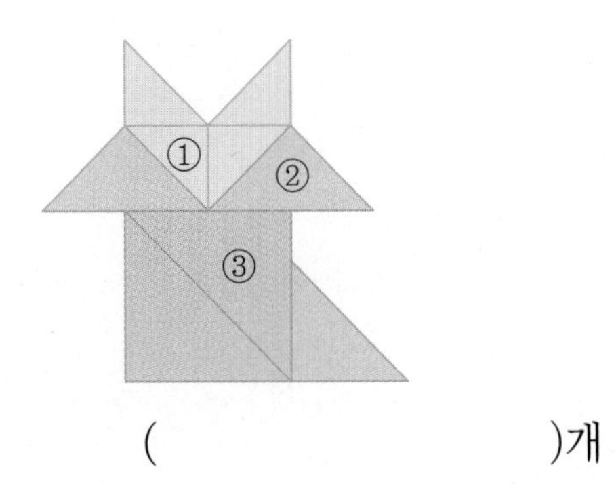

( )개

• 정답률 55 %

유형 ⑭ 조건을 만족하는 분수 찾기

다음 조건을 모두 만족하는 두 자연수 ㉠, ㉡이 있습니다. ㉠×㉡의 값을 구하시오.

- ㉠은 15의 $\frac{1}{3}$보다 크고 35의 $\frac{2}{7}$보다 작은 수입니다.
- 72의 $\frac{㉡}{㉠}$은 40입니다.

( )

핵심

■의 $\frac{㉡}{㉠}$은 ■÷㉠×㉡입니다.

26 다음 조건을 모두 만족하는 두 자연수 ㉠, ㉡이 있습니다. ㉠×㉡의 값을 구하시오.

- ㉠은 20의 $\frac{1}{5}$보다 크고 12의 $\frac{2}{3}$보다 작은 수입니다.
- 30의 $\frac{㉡}{㉠}$은 18입니다.

( )

수학 학력평가

4단원 종합

유형 ①

1 가분수는 모두 몇 개입니까?

$\frac{5}{9}$ $\frac{11}{6}$ $\frac{3}{8}$ $\frac{9}{9}$ $\frac{4}{7}$

( )개

유형 ③

2 도형의 전체 크기가 72라면 색칠한 부분의 크기는 얼마입니까?

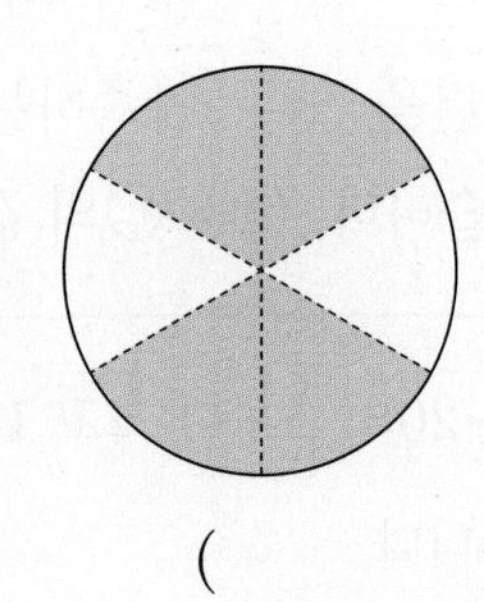

( )

유형 ⑥

3 분모가 11인 가분수 중에서 가장 작은 수를 구하시오.

( )

유형 ⑦

4 수직선에서 ↓가 나타내는 분수를 분모가 6인 가분수로 나타내어 보시오.

0 1 2

( )

유형 8

5 □ 안에 알맞은 수가 32인 것을 찾아 기호를 쓰시오.

> ㉠ □의 $\frac{1}{8}$은 4입니다.
>
> ㉡ □의 $\frac{1}{12}$은 3입니다.

(　　　　　　　　)

유형 9

6 □ 안에 들어갈 수 있는 자연수는 모두 몇 개입니까?

> $\square\frac{4}{7}<\frac{30}{7}$

(　　　　　　　　)개

유형 10

7 다음을 만족하는 수는 모두 몇 개입니까?

> 분모가 6인 진분수

(　　　　　　　　)개

유형 11

8 진호는 연필 20자루의 $\frac{2}{5}$를 동생에게 주었습니다. 동생에게 준 연필은 몇 자루입니까?

(　　　　　　　　)자루

4
단원

유형 ⑭

11 다음 조건을 모두 만족하는 두 자연수 ㉠, ㉡이 있습니다. ㉡에 알맞은 수를 구하시오.

- ㉠은 12의 $\frac{3}{4}$보다 크고 32의 $\frac{3}{8}$보다 작은 수입니다.
- 33의 $\frac{㉡}{㉠}$은 6입니다.

( )

9 분모와 분자의 합이 7, 차가 3인 가분수를 대분수로 나타내어 보시오.

( )

유형 ⑬

10 색종이 한 장의 $\frac{1}{2}$이 ③, $\frac{1}{4}$이 ②, $\frac{1}{8}$이 ①입니다. ①만을 이용하여 다음 모양과 똑같이 만들기 위해서는 ①은 모두 몇 개 필요합니까?

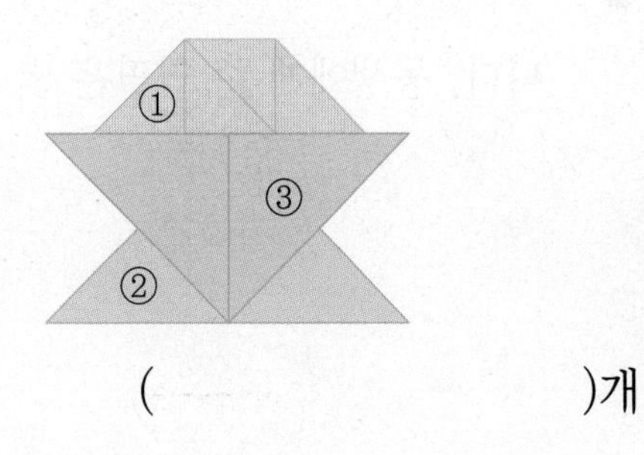

( )개

12 다음 조건을 만족하는 자연수가 모두 9개일 때 □ 안에 알맞은 자연수를 구하시오.

10보다 크고 25의 $\frac{\square}{5}$보다 작습니다.

( )

수학 학력평가

실전 모의고사 1회

점수

1 □ 안에 알맞은 수를 구하시오.

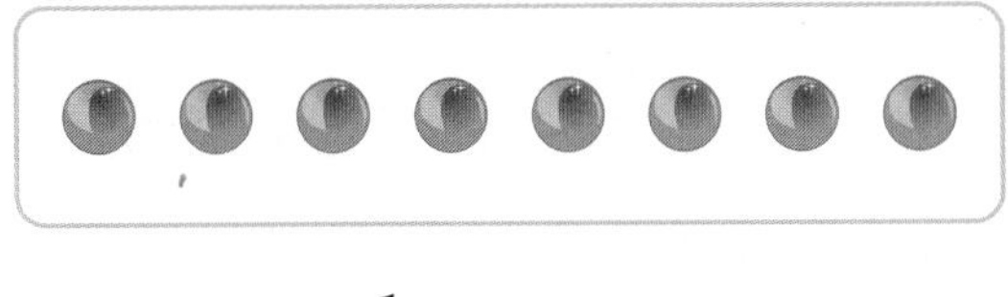

8의 $\frac{1}{4}$은 □입니다.

(　　　　　　　　)

2 계산을 하시오.

6×12

(　　　　　　　　)

3 그림과 같이 컴퍼스를 벌려 그린 원의 반지름은 몇 cm입니까?

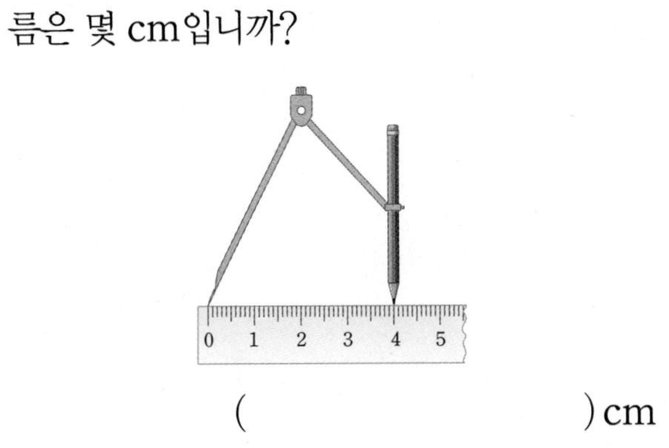

(　　　　　　　　) cm

4 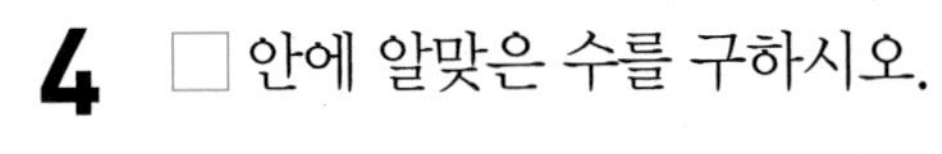

□ 안에 알맞은 수를 구하시오.

$\frac{7}{3}=2\frac{\square}{3}$

(　　　　　　　　)

5 $57 \times 6=342$를 이용하여 다음 곱셈을 할 때 2는 어느 자리에 써야 합니까? ····· (　　　)

$$\begin{array}{r} 5\ 7 \\ \times\ 6\ 0 \\ \hline ①②③④ \end{array}$$

실전 모의고사

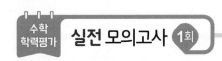

6 어떤 수를 9로 나누었을 때 나머지가 될 수 없는 수는 어느 것입니까? ········( )

① 0 ② 1 ③ 3
④ 7 ⑤ 9

7 나눗셈의 몫과 나머지의 차를 구하시오.

$6\overline{)79}$

( )

8 양궁은 서양식으로 만든 활을 쏘아 표적을 맞추어 점수를 겨루는 경기입니다. 그림은 양궁에서 쓰이는 원 모양의 과녁입니다. 과녁의 반지름은 몇 cm입니까?

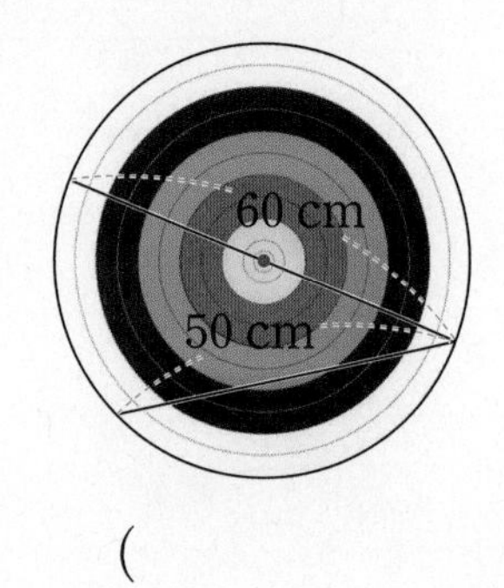

( ) cm

9 주어진 모양과 똑같이 그리기 위하여 컴퍼스의 침을 꽂아야 할 곳은 모두 몇 군데입니까?

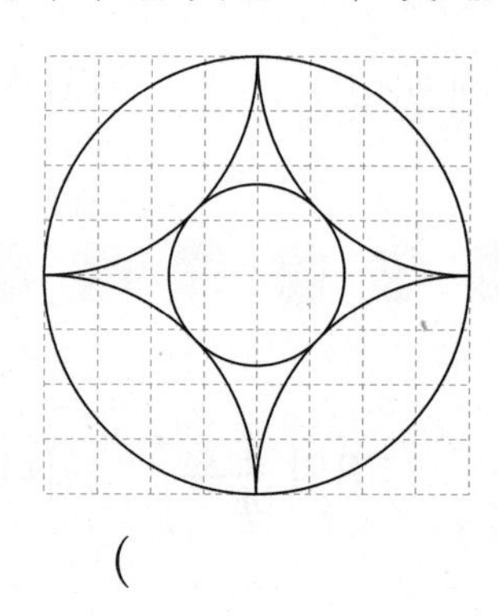

( )군데

10 감 68개를 한 접시에 2개씩 담으려고 합니다. 접시는 몇 개 필요합니까?

( )개

11 ㉠에 알맞은 수를 구하시오.

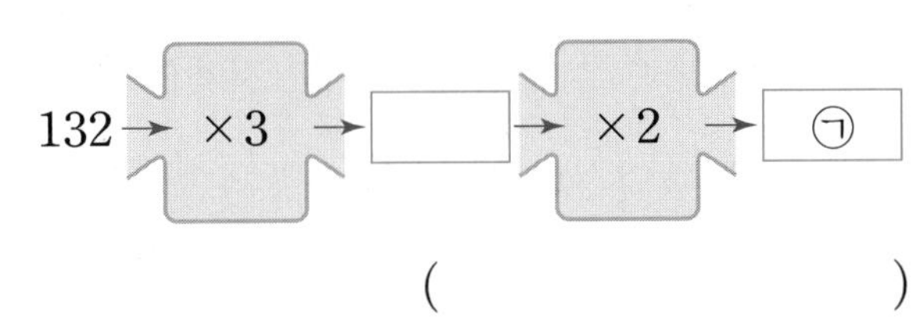

(　　　　　　　　)

12 ㉠과 ㉡에 알맞은 수의 곱을 구하시오.

- 15는 20의 $\frac{㉠}{4}$입니다.
- 64의 $\frac{5}{8}$는 ㉡입니다.

(　　　　　　　　)

13 큰 원의 지름이 52 cm이고 세 점이 각 원의 중심일 때 작은 원의 반지름은 몇 cm입니까?

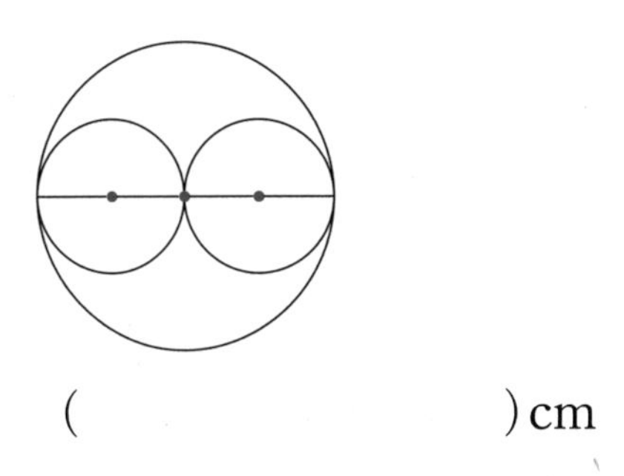

(　　　　　　　　) cm

14 □ 안에 들어갈 수 있는 자연수는 모두 몇 개입니까?

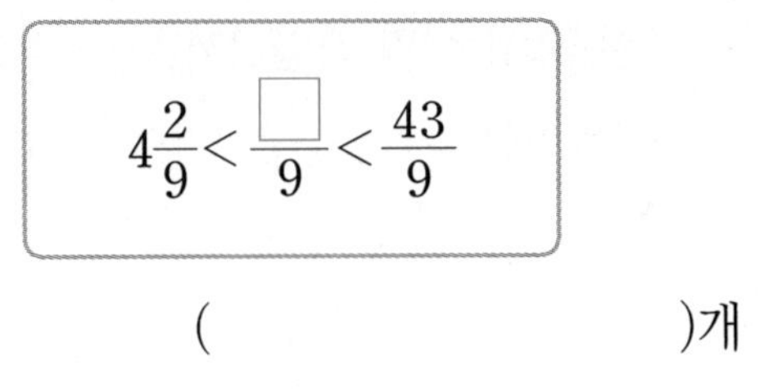

$4\frac{2}{9} < \frac{\square}{9} < \frac{43}{9}$

(　　　　　　　　)개

실전 모의고사

15 같은 기호는 같은 수를 나타낼 때 ㉡에 알맞은 수를 구하시오.

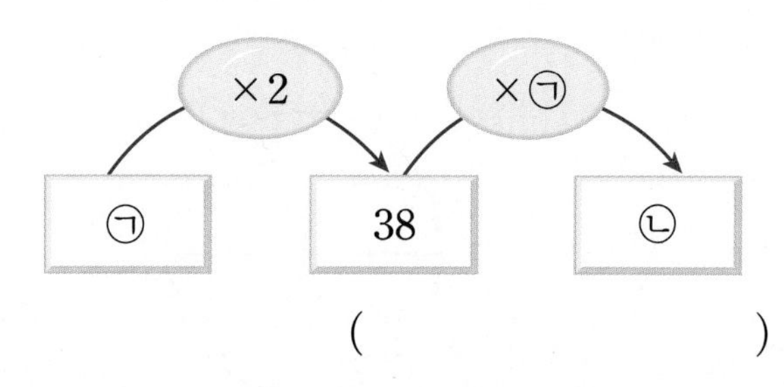

( )

16 한 상자에 154개씩 들어 있는 오이가 4상자 있었습니다. 그중에서 56개를 팔았다면 남은 오이는 몇 개입니까?

( )개

17 준수는 사탕 18개를 가지고 있었습니다. 사탕 전체의 $\frac{1}{3}$은 동생에게 주고 전체의 $\frac{2}{9}$는 친구에게 주었습니다. 남은 사탕은 몇 개입니까?

( )개

18 그림에서 점 ㄴ과 점 ㄷ은 각 원의 중심입니다. 삼각형 ㄱㄴㄷ의 세 변의 길이의 합은 몇 cm입니까?

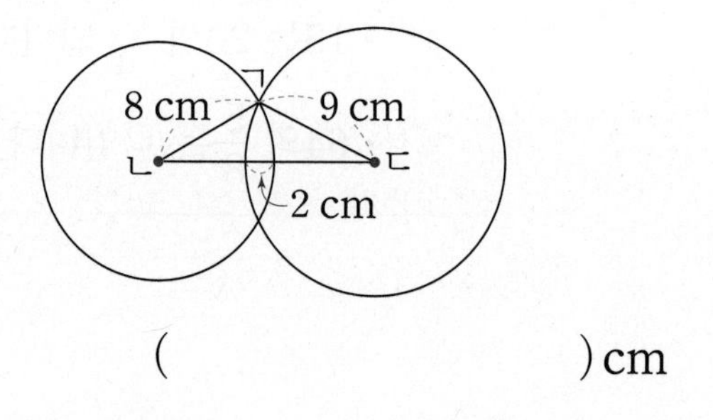

( ) cm

19 0부터 9까지의 수 중에서 ㉠에 들어갈 수 있는 수는 모두 몇 개입니까?

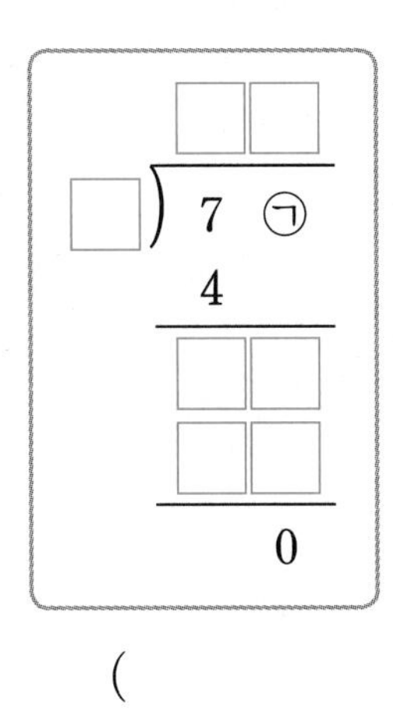

( )개

20 8명씩 앉을 수 있는 긴 의자가 49개 있습니다. 470명이 모두 앉으려면 8명씩 앉을 수 있는 긴 의자는 적어도 몇 개 더 필요합니까?

( )개

21 7로 나누었을 때 나머지가 4인 두 자리 수 중에서 가장 큰 수는 얼마입니까?

( )

22 어떤 수와 어떤 수보다 1 큰 수를 곱하였더니 1892가 되었습니다. 어떤 수를 구하시오.

( )

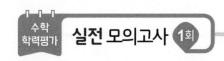

23 크기가 같은 원 3개를 같은 간격으로 겹치게 그린 것입니다. 색칠된 직사각형의 가로가 42 cm일 때 세로는 몇 cm입니까?

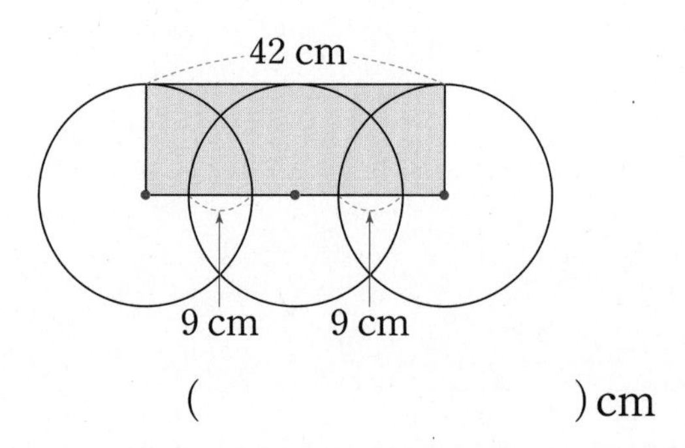

( ) cm

24 50보다 크고 90보다 작은 수 중에서 7로 나누었을 때 나머지가 6인 수는 모두 몇 개입니까?

( )개

25 반지름이 6 cm인 원을 그림과 같이 2 cm씩 겹친 후 원의 중심을 이어 사각형을 만들어 나가고 있습니다. 원을 32개 사용하여 만든 사각형의 네 변의 길이의 합을 구하시오.

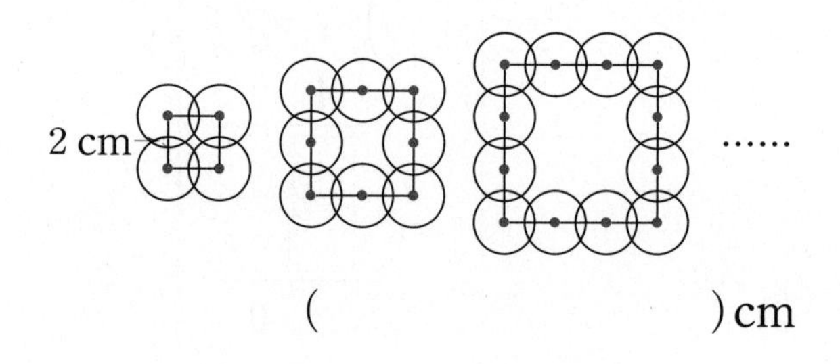

( ) cm

수학 학력평가

실전 모의고사 2회

점수

1 계산을 하시오.

$$\begin{array}{r} 3\ 1\ 4 \\ \times \quad\ \ 2 \\ \hline \end{array}$$

(　　　　　　　　)

2 □ 안에 알맞은 수를 구하시오.

$84 \div 4 = \square$

(　　　　　　　　)

3 ㉡은 ㉠의 몇 배입니까?

$8 \div 4 =$ ㉠ ⇨ $80 \div 4 =$ ㉡

(　　　　　　　　)배

4 □ 안에 알맞은 수를 구하시오.

$4\frac{2}{5} = \frac{\square}{5}$

(　　　　　　　　)

5 그림에서 원의 반지름을 나타내는 선분은 몇 개입니까?

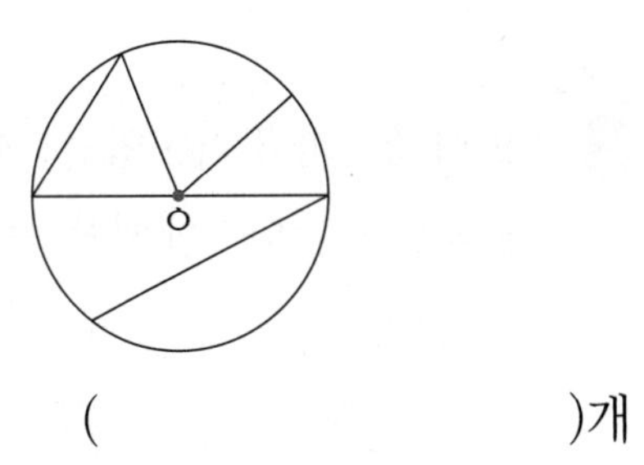

(　　　　　　　　)개

실전 모의고사

6 □ 안에 알맞은 수를 구하시오.

$\square \div 7 = 5 \cdots 3$

( )

7 가장 큰 수와 가장 작은 수의 곱을 구하시오.

37 26 15

( )

8 프랑스 파리에 있는 에펠탑의 높이는 324 m입니다. 에펠탑 높이의 3배는 몇 m입니까?

( ) m

9 사과 36개를 3명이 똑같이 나누어 가지려고 합니다. 한 명이 가질 수 있는 사과는 몇 개입니까?

( )개

10 그림은 크기가 같은 두 원을 겹치게 그린 것입니다. 점 ㄴ과 점 ㄷ은 각 원의 중심일 때 선분 ㄱㄹ의 길이는 몇 cm입니까?

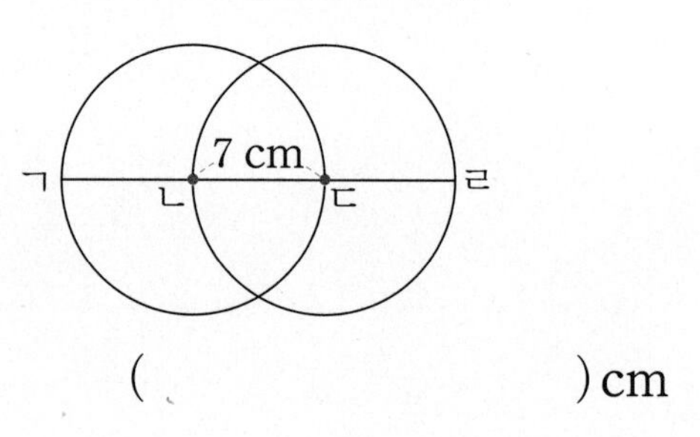

( ) cm

11 ㉠과 ㉡에 알맞은 수의 합을 구하시오.

- $48 \div 3 =$ ㉠
- $86 \div 5 = 17 \cdots$ ㉡

(　　　　　　　　)

12 점 ㄱ, 점 ㄴ, 점 ㄷ은 각 원의 중심입니다. 선분 ㄱㄷ의 길이를 구하시오.

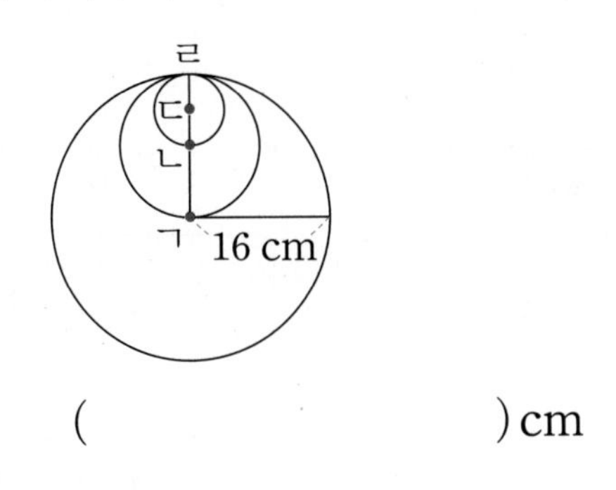

(　　　　　　　　) cm

13 □ 안에 들어갈 수 있는 세 자리 수는 모두 몇 개입니까?

$8 \times 32 <$ □ $< 6 \times 47$

(　　　　　　　　)개

14 점 ㅇ은 원의 중심이고 원 안의 삼각형 ㅇㄱㄴ의 세 변의 길이의 합은 53 cm입니다. 원의 반지름은 몇 cm입니까?

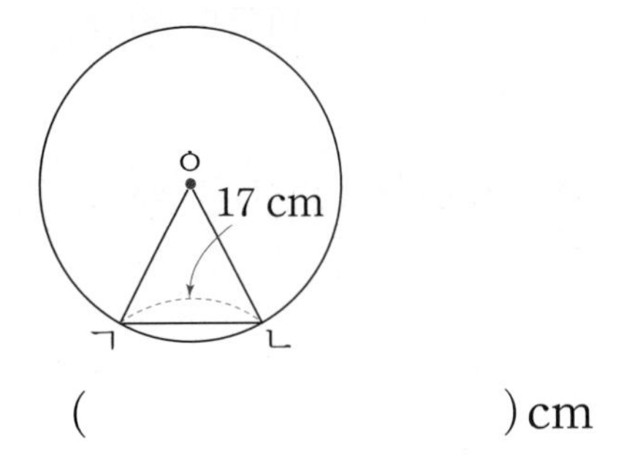

(　　　　　　　　) cm

실전 모의고사

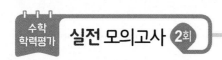

15 어떤 수의 $\frac{3}{4}$은 27입니다. 어떤 수의 $\frac{5}{6}$는 얼마입니까?

( )

16 3장의 수 카드 [7], [2], [4] 중에서 2장을 골라 한 번씩만 사용하여 두 번째로 큰 두 자리 수를 만들었습니다. 만든 두 자리 수를 남은 한 수로 나눈 몫을 구하시오.

( )

17 18◉25를 **보기**와 같은 방법으로 계산하려고 합니다. ㉠에 알맞은 수를 구하시오.

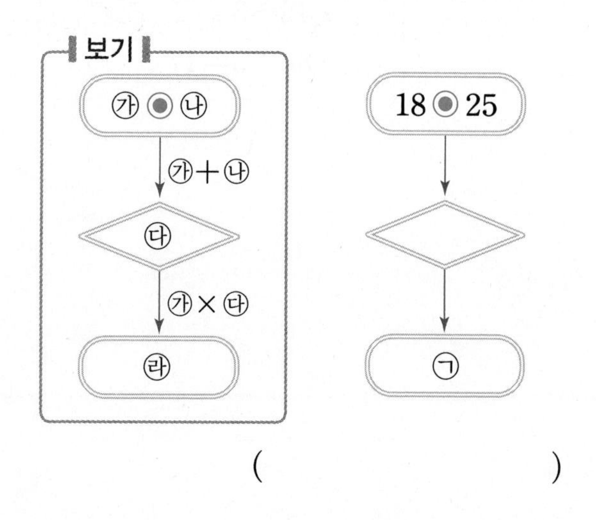

( )

18 □ 안에 알맞은 수의 합을 구하시오.

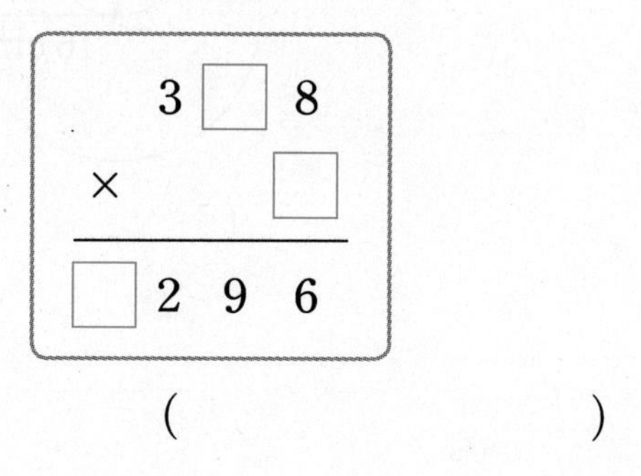

( )

19 나눗셈이 나누어떨어지도록 □ 안에 알맞은 수를 써넣으려고 합니다. 0부터 9까지의 수 중에서 □ 안에 들어갈 수 있는 수는 모두 몇 개입니까?

9□÷4

( )개

20 연필 한 자루의 가격이 문구점은 80원, 할인점은 65원입니다. 여명이가 할인점에서 연필 3타를 샀다면 문구점보다 얼마를 더 싸게 산 것입니까?

'타'는 물건 12개를 한 단위로 세는 말이에요.
여명

( )원

21 점 ㄴ과 점 ㄹ이 각 원의 중심입니다. 사각형 ㄱㄴㄷㄹ의 네 변의 길이의 합은 68 cm입니다. 큰 원의 지름은 몇 cm입니까?

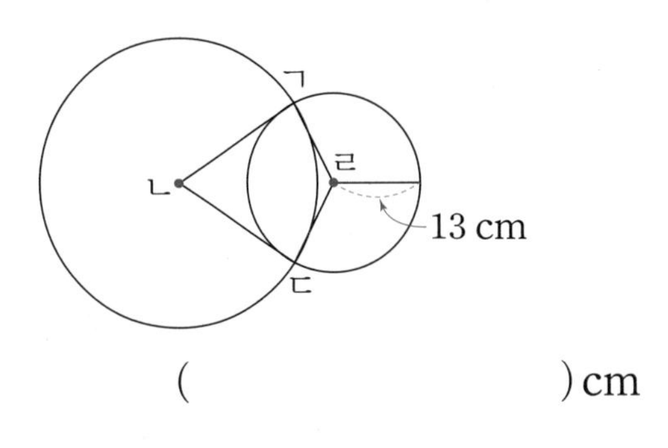

( ) cm

22 다음과 같은 규칙으로 분수를 늘어놓았습니다. 50번째에 놓일 분수를 ㉠$\frac{㉢}{㉡}$이라고 할 때, ㉠+㉡+㉢의 값을 구하시오.

$\frac{1}{4}$, $\frac{2}{4}$, $\frac{3}{4}$, $1\frac{1}{4}$, $1\frac{2}{4}$, $1\frac{3}{4}$, $2\frac{1}{4}$, $2\frac{2}{4}$, $2\frac{3}{4}$……

( )

23 다음 ▌조건▐을 모두 만족하는 자연수를 구하시오.

▌조건▐
- 50보다 크고 90보다 작습니다.
- 5로 나누어떨어집니다.
- 9로 나누면 나머지가 4입니다.

(　　　　　　　　)

24 정사각형 ㄱㄴㄷㄹ의 네 변의 길이의 합은 56 cm입니다. 세 점은 각 원의 중심일 때 두 번째로 큰 원의 반지름은 몇 cm입니까? (단, 가장 큰 원과 두 번째로 큰 원의 중심은 같습니다.)

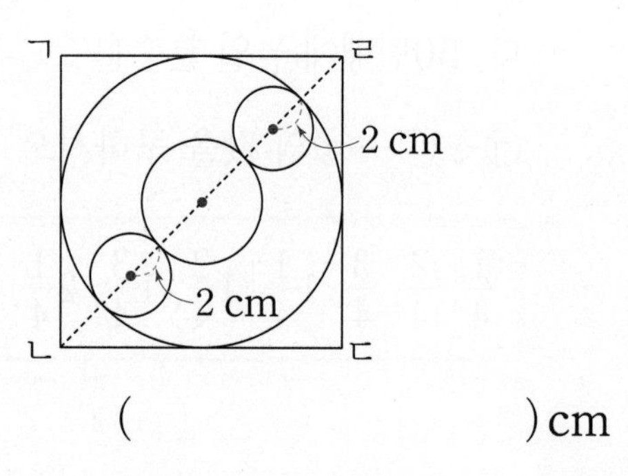

(　　　　　　　　) cm

25 어느 창고에 쌓여 있던 물건 중에서 1월에는 전체의 $\frac{1}{4}$을, 2월에는 나머지의 $\frac{1}{6}$을, 3월에는 그 나머지의 $\frac{2}{5}$를 팔았습니다. 1월, 2월, 3월에 판 물건이 50개일 때, 창고에 처음에 쌓여 있던 물건은 몇 개입니까?

(　　　　　　　　)개

수학 학력평가

실전 모의고사 3회

점수

1 진분수는 어느 것입니까? ··········(　　　)

① $4\frac{2}{3}$　② $\frac{6}{5}$　③ $1\frac{1}{2}$　④ $\frac{8}{8}$　⑤ $\frac{5}{9}$

2 지름이 16 cm인 원입니다. □ 안에 알맞은 수를 구하시오.

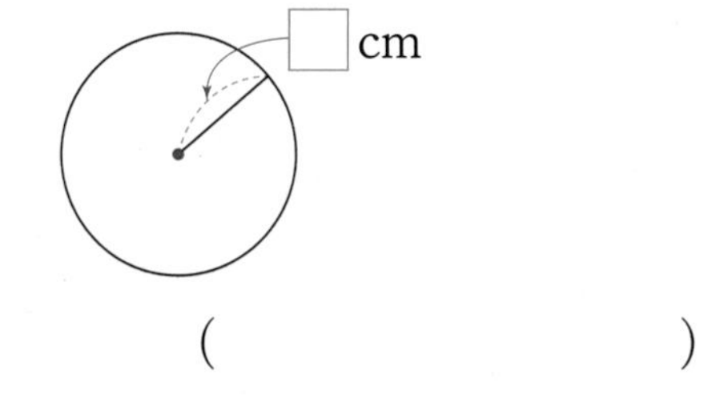

(　　　　　　)

3 계산을 하시오.

$$\begin{array}{r} 5\ 8 \\ \times\ 1\ 7 \\ \hline \end{array}$$

(　　　　　　)

4 계산을 하시오.

$86 \div 2$

(　　　　　　)

5 컴퍼스를 이용하여 그림과 같은 원을 그리려고 합니다. 컴퍼스를 몇 cm만큼 벌려야 합니까?

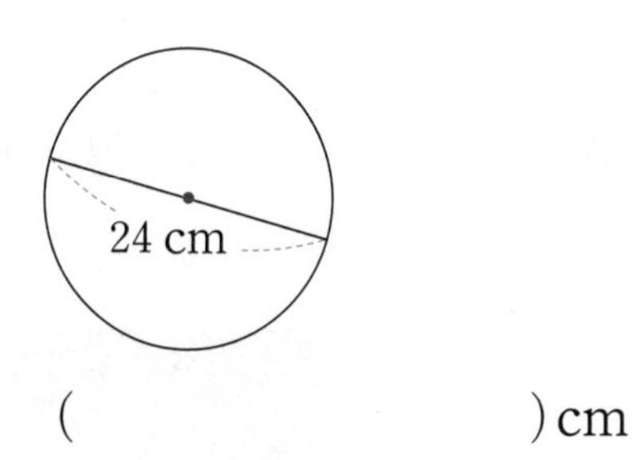

(　　　　　　) cm

실전 모의고사

6 나머지가 3이 될 수 없는 나눗셈은 어느 것입니까? ………………………… (　　　)

① $\square \div 7$　② $\square \div 3$　③ $\square \div 4$

④ $\square \div 9$　⑤ $\square \div 6$

7 □ 안에 알맞은 수를 구하시오.

$4 \times \square = 68$

(　　　　　)

8 코스모스 한 송이의 꽃잎은 8장입니다. 코스모스 49송이의 꽃잎은 모두 몇 장입니까?

(　　　　　)장

9 □ 안에 들어갈 수 있는 자연수는 모두 몇 개입니까?

$\frac{11}{8} < 1\frac{\square}{8}$

(　　　　　)개

10 주어진 모양과 똑같이 그리기 위하여 컴퍼스의 침을 꽂아야 할 곳은 모두 몇 군데입니까?

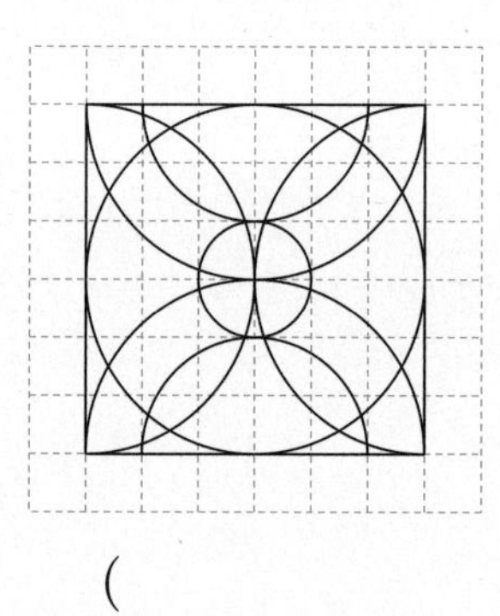

(　　　　　)군데

11 ㉮와 ㉯에 알맞은 수의 곱을 구하시오.

㉮ 184보다 165 작은 수
㉯ 92를 2로 나눈 몫

(　　　　　　　　)

12 1부터 9까지의 수 중에서 □ 안에 들어갈 수 있는 가장 작은 수를 구하시오.

$37 \times \square 0 > 20 \times 90$

(　　　　　　　　)

13 ■와 ▲에 알맞은 수의 차를 구하시오.

- ■÷9=6…4
- ▲÷8=17

(　　　　　　　　)

14 빵 69개를 5모둠에 똑같이 나누어 주었더니 빵이 4개 남았습니다. 한 모둠에 나누어 준 빵은 몇 개입니까?

(　　　　　　　　)개

실전 모의고사

15 과자 공장에서 과자를 15분에 124개씩 만든다고 합니다. 이 공장에서 1시간 30분 동안에 과자를 모두 몇 개 만들 수 있습니다까?

( )개

16 반지름이 6 cm인 원 2개를 겹쳐서 그린 것입니다. 점 ㄴ과 점 ㄷ은 각 원의 중심일 때 삼각형 ㄱㄴㄷ의 세 변의 길이의 합을 구하시오.

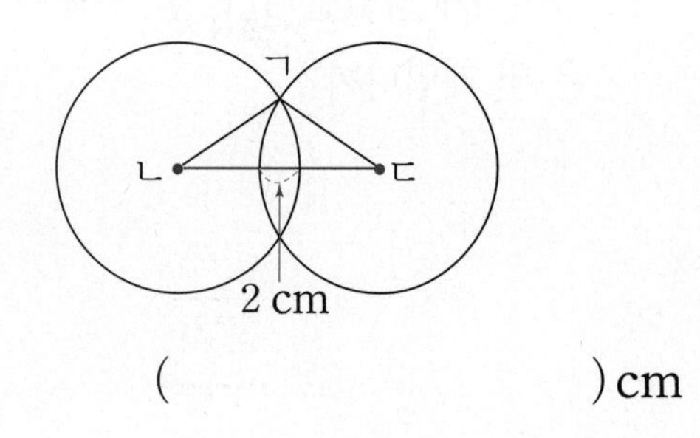

( ) cm

17 분모가 10인 분수 중에서 2보다 작은 가분수는 모두 몇 개입니까?

( )개

18 어떤 수를 4로 나누어야 할 것을 잘못하여 7로 나누었더니 몫이 13이고 나머지가 4가 되었습니다. 바르게 계산했을 때의 몫과 나머지의 곱을 구하시오.

( )

19 0부터 9까지의 수 중에서 ㉠에 들어갈 수 있는 수는 모두 몇 개입니까?

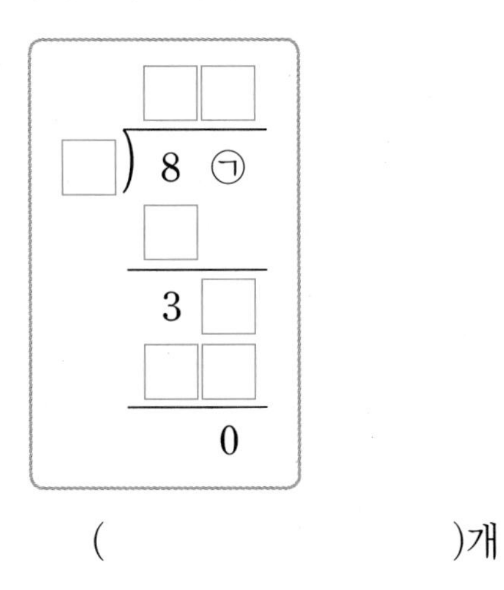

( )개

20 각 점은 원의 중심이고 가장 큰 원의 지름은 80 cm입니다. 원 ㉯의 지름은 원 ㉮의 지름의 3배입니다. 원 ㉰의 지름은 몇 cm입니까?

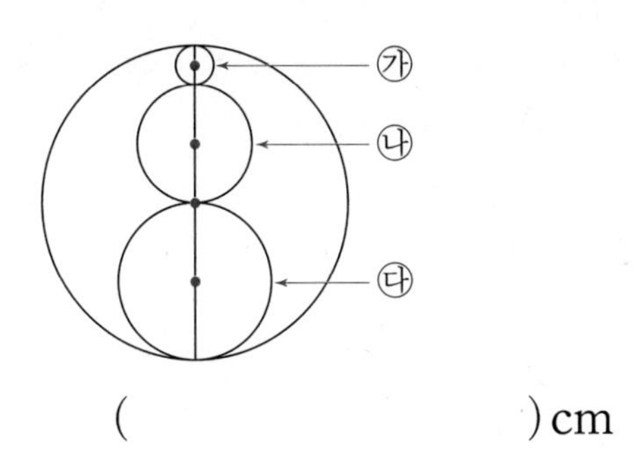

( )cm

21 떨어진 높이의 $\frac{2}{3}$만큼 튀어 오르는 공이 있습니다. 이 공을 27 m의 높이에서 떨어뜨렸다면 두 번째로 튀어 오른 공의 높이는 몇 m입니까?

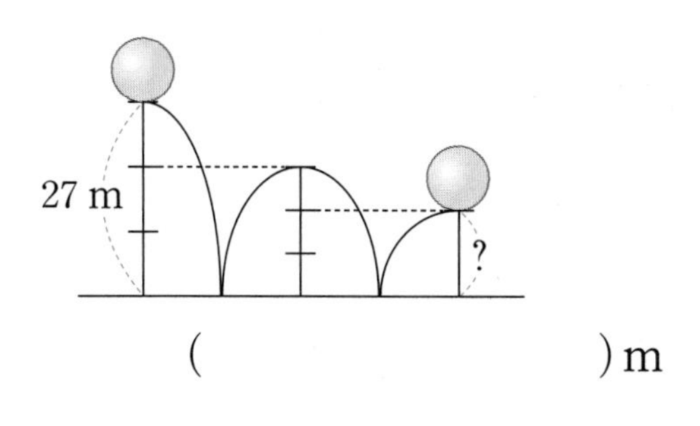

( )m

22 3장의 수 카드를 한 번씩만 사용하여 (두 자리 수)÷(한 자리 수)의 나눗셈을 만들었습니다. 나머지가 가장 큰 나눗셈의 나머지를 구하시오.

( )

실전 모의고사

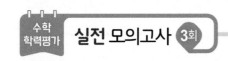

23 그림에서 가장 작은 정사각형의 네 변의 길이의 합은 48 cm입니다. 원의 지름은 몇 cm입니까?

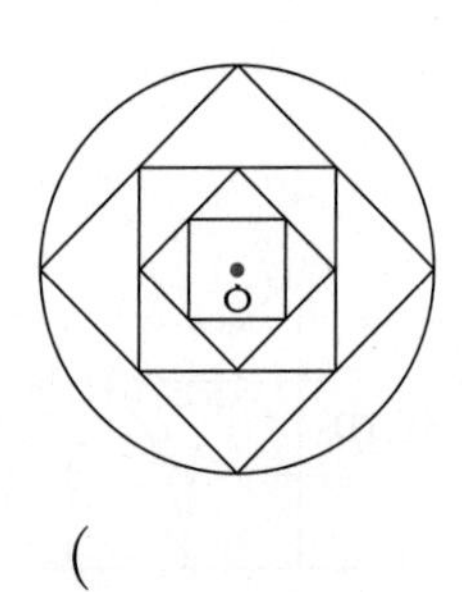

( ) cm

24 길이가 90 cm인 고무줄을 각각 5 cm씩 차이가 나도록 3도막으로 잘랐습니다. 자른 3도막 중에서 가장 긴 고무줄의 길이는 몇 cm입니까?

( ) cm

25 사탕 6개와 초콜릿 7개를 합한 무게는 사탕 9개와 초콜릿 2개를 합한 무게와 같습니다. 사탕 3개와 초콜릿 5개를 합한 무게는 180*g입니다. 사탕 20개와 초콜릿 15개를 합한 무게는 몇 g입니까? (단, 각각의 사탕과 초콜릿의 무게는 같습니다.) *g(그램): 무게의 단위

( ) g

실전 모의고사 4회

점수

1 □ 안에 알맞은 수를 구하시오.

$50 \times 30 = \square 00$

(　　　　　　　　　　)

2 □ 안에 알맞은 수를 구하시오.

12의 $\frac{1}{3}$은 □입니다.

(　　　　　　　　　　)

3 계산을 하시오.

156×4

(　　　　　　　　　　)

4 *소고의 지름은 몇 cm입니까?

*소고: 크기가 작고 손잡이가 달려 있으며 양면을 가죽으로 메우고 나무채로 쳐서 소리를 내는 한국의 타악기

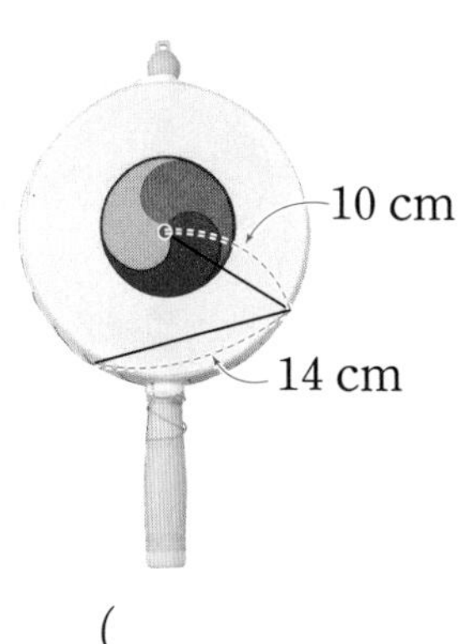

(　　　　　　　　　　) cm

5 오른쪽은 가분수입니다. □ 안에 들어갈 수 있는 자연수 중에서 가장 작은 수를 구하시오.

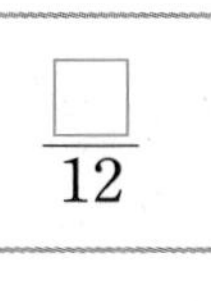

(　　　　　　　　　　)

6 분모가 5인 분수 중에서 3보다 작은 대분수는 모두 몇 개입니까?

(　　　　　　　　)개

7 빈칸에 알맞은 수를 구하시오.

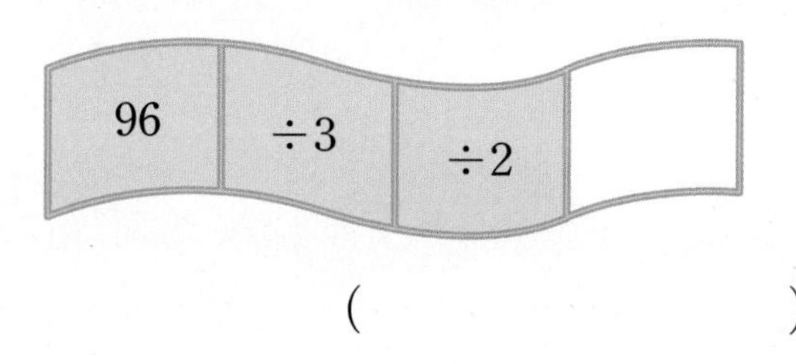

(　　　　　　　　)

8 유빈이는 문구점에서 도화지를 사려고 합니다. 도화지 한 장의 가격은 250원이라면 도화지 3장의 가격은 얼마입니까?

(　　　　　　　　)원

9 ㉮와 ㉯가 나타내는 수의 곱을 구하시오.

> ㉮ 10이 2개, 1이 1개인 수
> ㉯ 10이 4개, 1이 7개인 수

(　　　　　　　　)

10 다음 중 6으로 나누어떨어지는 수는 모두 몇 개입니까?

14	32	72	19	96	84

(　　　　　　　　)개

11 리하가 공책 56권을 4권씩 묶어서 한 사람에게 한 묶음씩 선물하려고 합니다. 모두 몇 명에게 선물할 수 있습니까?

( )명

12 사탕 1개의 가격은 460원이고 초콜릿 1개의 가격은 사탕의 4배입니다. 과자 1개의 가격은 초콜릿 1개의 가격보다 980원 싸다고 할 때 과자 1개의 가격은 얼마입니까?

( )원

13 서윤이가 그린 태극 무늬입니다. 정사각형의 한 변의 길이는 몇 cm입니까?

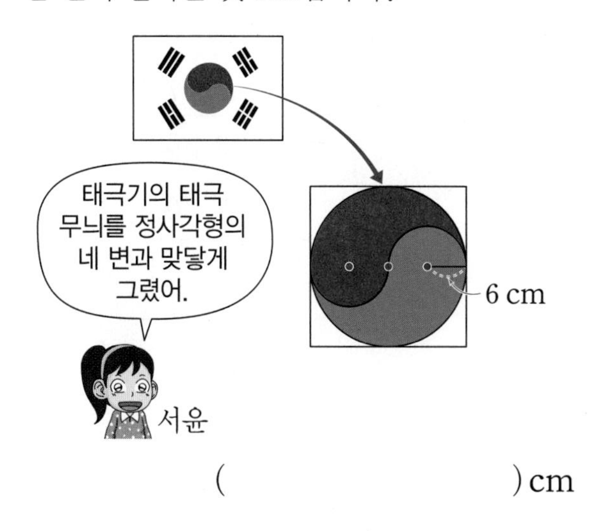

태극기의 태극 무늬를 정사각형의 네 변과 맞닿게 그렸어.
6 cm
서윤

( ) cm

14 그림과 같이 크기가 같은 두 원을 겹치게 그려 삼각형을 만들었습니다. 점 ㄱ과 점 ㄴ은 각 원의 중심이고 삼각형 ㄱㄴㄷ의 세 변의 길이의 합은 63 cm입니다. 원의 지름은 몇 cm입니까?

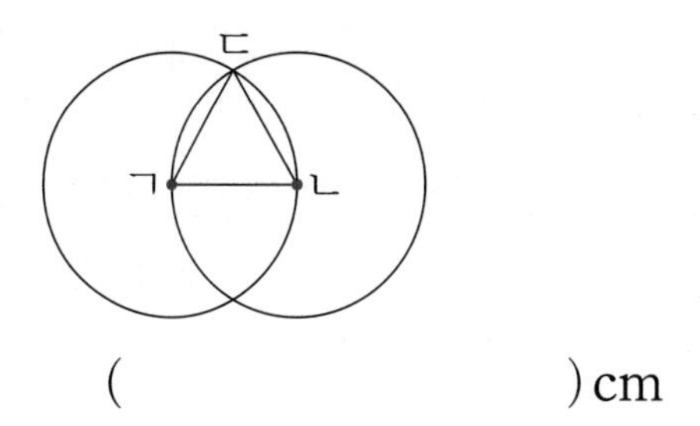

( ) cm

실전 모의고사

15 ㉠+㉡+㉢+㉣의 값을 구하시오.

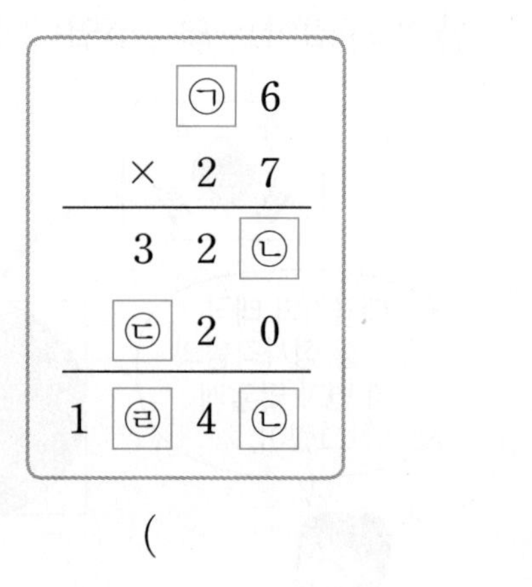

( )

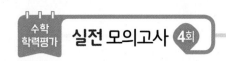

16 □ 안에는 같은 수가 들어갑니다. 다음을 만족하는 ★에 알맞은 수를 구하시오.

- □의 $\frac{2}{3}$는 16입니다.
- □의 $\frac{3}{4}$은 ★입니다.

( )

17 연필이 5타와 9자루 있습니다. 이 연필을 4명의 학생들에게 남는 것이 없도록 똑같이 나누어 주려고 합니다. 연필은 적어도 몇 자루 더 필요합니까? (단, 연필 1타는 12자루입니다.)

( )자루

18 그림과 같이 직사각형 안에 크기가 같은 원 3개를 겹치지 않게 이어 붙여서 그렸습니다. 각 점은 원의 중심일 때 직사각형의 네 변의 길이의 합은 몇 cm입니까?

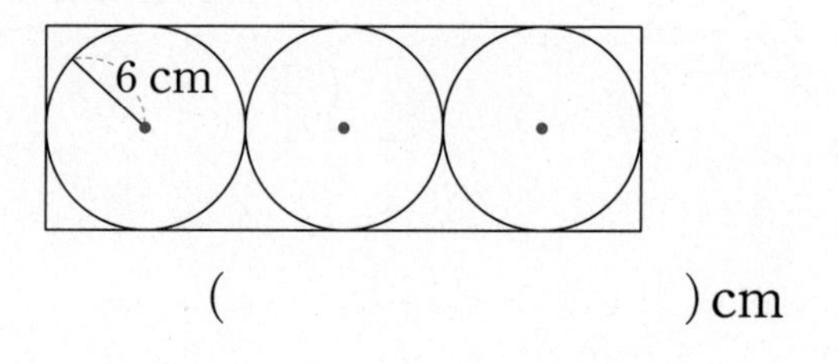

( ) cm

19 같은 모양의 조각을 서로 겹치지 않고 빈틈이 생기지 않게 늘어놓아 평면을 덮는 것을 테셀레이션이라고 합니다. 그림과 같이 직사각형 모양의 종이 위에 한 변의 길이가 3 cm인 정사각형 모양의 타일을 겹치지 않게 빈틈없이 놓으려고 합니다. 타일을 몇 장까지 놓을 수 있습니까?

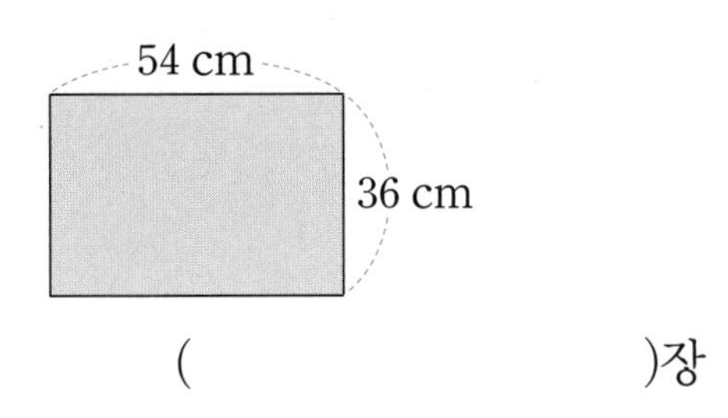

(　　　　　　　　)장

20 반지름을 3 cm씩 늘이는 규칙으로 원을 그려 나가고 있습니다. 가장 작은 첫 번째 원의 지름이 8 cm일 때 여섯 번째 원의 지름은 몇 cm가 됩니까?

(　　　　　　　　) cm

21 펼친 수학책에서 두 쪽수의 곱이 4160입니다. 펼친 면의 두 쪽수의 합을 구하시오.

(　　　　　　　　)

22 새미는 굵기가 일정한 통나무를 9도막으로 자르는 데 1시간 36분이 걸렸습니다. 새미가 같은 통나무를 6도막으로 자르는 데에는 몇 분이 걸립니까? (단, 한 번 자르는 데 걸리는 시간은 일정하고 쉬지 않고 자릅니다.)

(　　　　　　　　)분

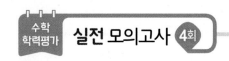

23 4장의 수 카드 중에서 3장을 골라 한 번씩만 사용하여 만들 수 있는 대분수는 모두 몇 개입니까?

4 5 6 9

( )개

24 그림과 같이 반지름이 같은 작은 원 10개를 큰 원의 지름을 따라 그렸습니다. 각 점은 원의 중심일 때 정사각형 ㄱㄴㄷㄹ의 네 변의 길이의 합은 몇 cm입니까?

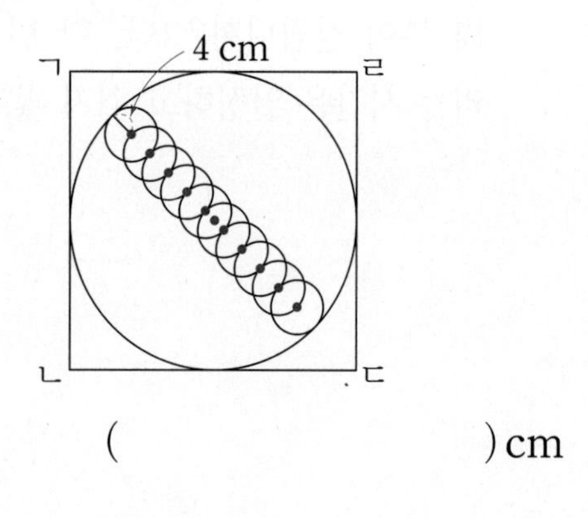

( ) cm

25 한 대에 학생들이 35명씩 탈 수 있는 버스가 있습니다. 진혁이네 학교 학생들이 모두 타려면 버스가 적어도 26대 필요하고, 성진이네 학교 학생들이 모두 타려면 버스가 적어도 19대 필요합니다. 진혁이네 학교 학생 수가 가장 적을 경우와 성진이네 학교 학생 수가 가장 많을 경우의 학생 수의 차를 구하시오.

( )명

수학 학력평가

최종 모의고사 1회

점수

교재 뒤에 부록으로 있는 OMR 카드와 같이 활용하여 실제 HME 시험에 대비하세요.

1 그림을 보고 □ 안에 알맞은 수를 구하시오.

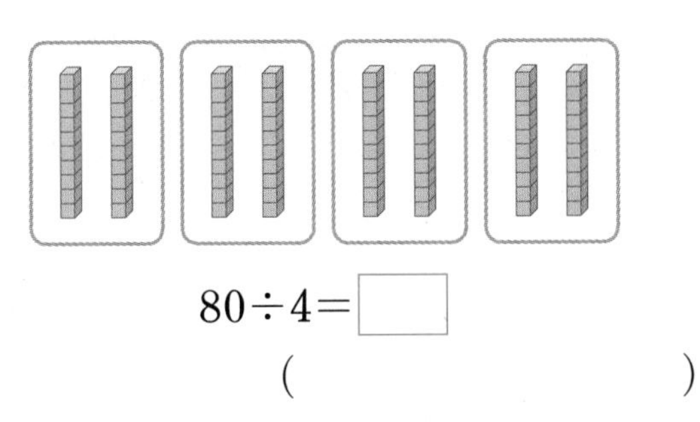

$80 \div 4 = \square$

(   )

2 가분수는 모두 몇 개입니까?

$1\frac{5}{7}$	$\frac{3}{8}$	$1\frac{1}{6}$	$\frac{14}{9}$	$\frac{7}{7}$	$3\frac{2}{5}$

(   )개

3 두 수의 곱을 구하시오.

35 18

(   )

4 점 ㅇ이 원의 중심일 때, 원의 지름은 몇 cm입니까?

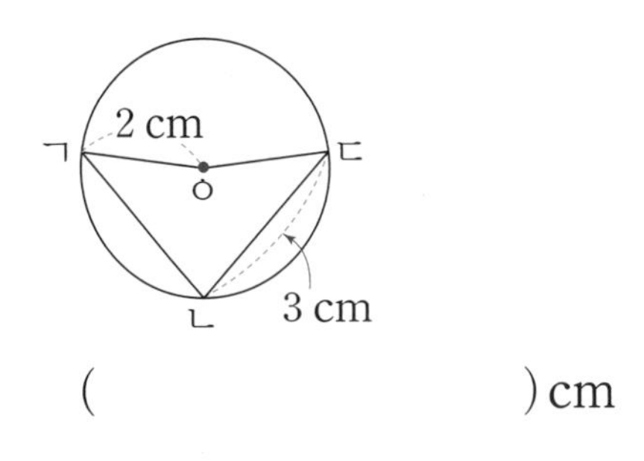

(   ) cm

5 4로 나누었을 때 나머지가 될 수 없는 것은 어느 것입니까? ·····················(   )

① 0 ② 1

③ 2 ④ 3

⑤ 4

최종 모의고사

6 □ 안에 알맞은 수를 구하시오.

36의 $\frac{1}{6}$은 □입니다.

(　　　　　　　　)

7 □ 안에 알맞은 수를 구하시오.

□÷8=3···7

(　　　　　　　　)

8 별 모양을 한 개 만드는 데 철사가 9 cm 필요합니다. 철사 97 cm로는 별 모양을 몇 개까지 만들 수 있습니까?

(　　　　　　　　)개

9 그림은 정사각형 안에 가장 큰 원을 그린 것입니다. 원의 반지름이 7 cm일 때, 정사각형의 네 변의 길이의 합은 몇 cm입니까?

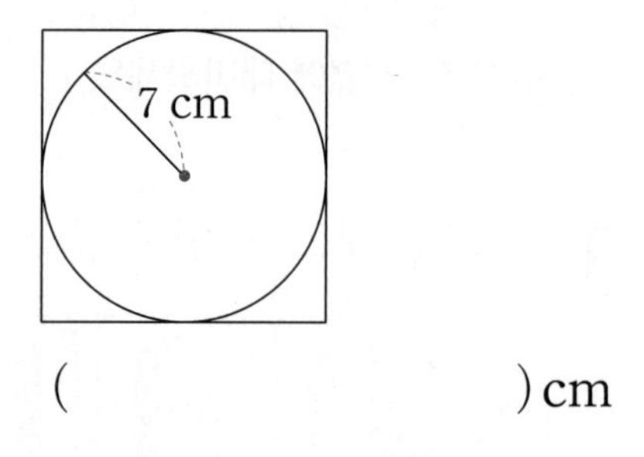

(　　　　　　　　)cm

10 미스터리 서클은 오른쪽과 같이 밭이나 논의 곡물을 일정한 방향으로 눕혀서 어떠한 형태를 나타낸 것을 말합니다. 다음과 같은 미스터리 서클에서 찾을 수 있는 원의 중심은 모두 몇 개입니까?

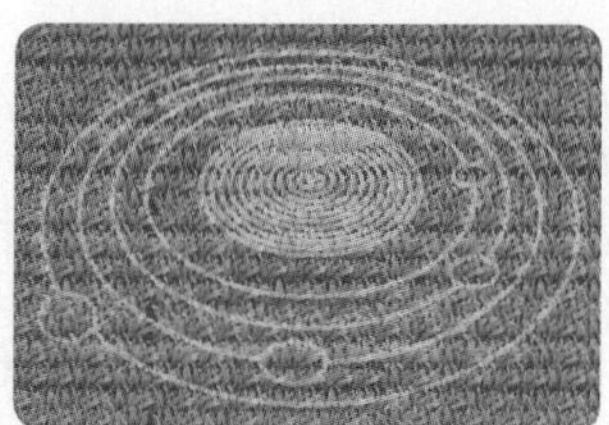

(　　　　　　　　)개

11 □ 안에 들어갈 수 있는 자연수는 모두 몇 개입니까?

$$1\frac{2}{5} < \frac{\square}{5} < \frac{12}{5}$$

(　　　　　　　　)개

12 한 판에 30개씩 놓여 있는 달걀 10판과 한 봉지에 15개씩 들어 있는 달걀 30봉지가 있습니다. 달걀은 모두 몇 개 있습니까?

(　　　　　　　　)개

13 □ 안에 들어갈 수 있는 자연수는 모두 몇 개입니까?

$$72 \div 4 < \square < 84 \div 4$$

(　　　　　　　　)개

14 민우는 종이학을 4분에 28개 접습니다. 민우가 같은 빠르기로 종이학을 15분 동안 쉬지 않고 접는다면 모두 몇 개 접을 수 있습니까?

(　　　　　　　　)개

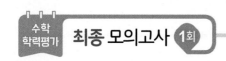

15 각 점은 원의 중심이고, 가장 큰 원의 지름은 48 cm입니다. 가장 작은 원의 반지름은 몇 cm입니까?

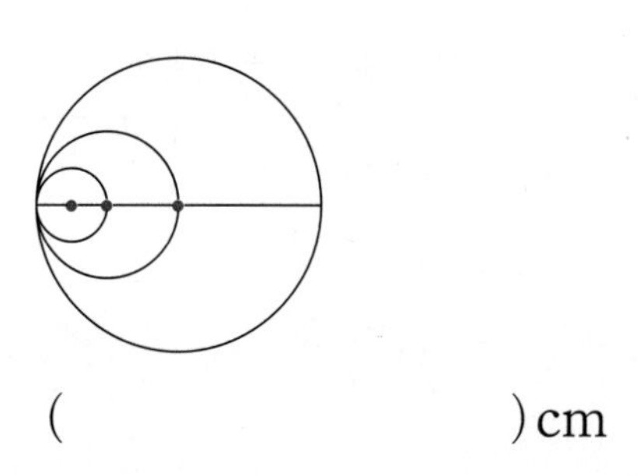

( ) cm

16 어떤 가분수의 분자 37을 분모로 나누었더니 몫이 4이고, 나머지가 5이었습니다. 이 가분수의 분모와 분자의 합을 구하시오.

( )

17 그림과 같은 방법으로 직사각형 안에 원을 계속 그리면 원은 몇 개까지 그릴 수 있습니까?

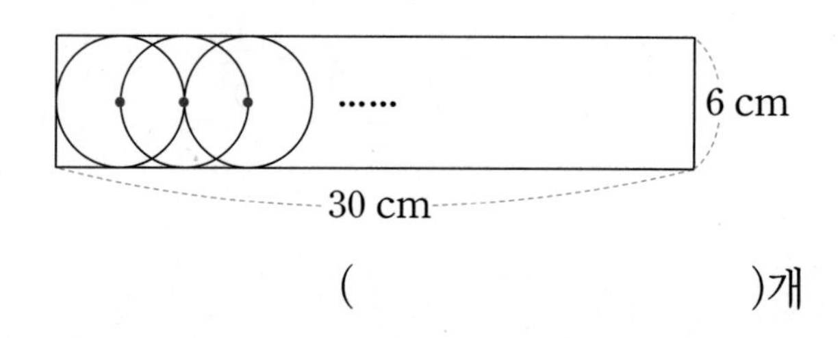

( )개

18 어떤 수를 3으로 나누어야 할 것을 잘못하여 8로 나누었더니 몫이 8이고, 나머지가 7이었습니다. 바르게 계산했을 때의 몫과 나머지의 곱을 구하시오.

( )

19 주석이가 오늘 읽은 동화책은 전체의 $\frac{11}{14}$입니다. 주석이가 오늘 읽은 쪽수가 99쪽일 때, 동화책의 전체 쪽수는 모두 몇 쪽인지 구하시오.

( )쪽

20 ㉠과 ㉡에 알맞은 수의 차를 구하시오.

$$\begin{array}{r} ㉠\ 3 \\ \times\ 4\ 7 \\ \hline 4\ 4\ 1 \\ 2\ 5\ 2\ 0 \\ \hline 2\ 9\ 6\ 1 \end{array} \qquad \begin{array}{r} 6\ 3 \\ \times\ ㉡\ 6 \\ \hline 3\ 7\ 8 \\ 3\ 1\ 5\ 0 \\ \hline 3\ 5\ 2\ 8 \end{array}$$

( )

21 길이가 250 m인 열차가 1분에 897 m씩 달리고 있습니다. 이 열차가 같은 빠르기로 터널을 완전히 통과하는 데 6분이 걸렸다면 터널의 길이는 몇 m입니까? ········( )

① 5832 m ② 5632 m
③ 5432 m ④ 5382 m
⑤ 5132 m

22 3을 123번 곱했을 때의 일의 자리 숫자는 얼마입니까?

( )

최종 모의고사

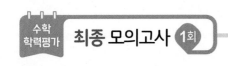

23 희원이가 은행에서 번호표를 뽑았습니다. 희원이 바로 앞에 번호표를 뽑은 사람의 번호와 희원이의 번호를 곱하였더니 3306이었습니다. 희원이가 뽑은 번호는 몇 번입니까?

( )번

24 그림과 같이 크기가 서로 다른 세 원의 중심을 이어 직각삼각형을 만들었습니다. 직각삼각형의 세 변의 길이의 합이 72 cm이고, 가장 작은 원의 반지름과 중간 크기의 원의 반지름을 더하면 가장 큰 원의 반지름이 됩니다. 가장 큰 원의 지름은 몇 cm입니까?

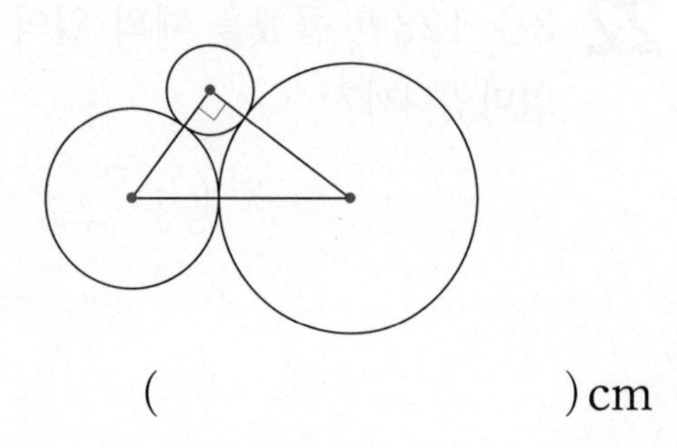

( ) cm

25 어떤 세 자리 수와 한 자리 수가 있습니다. 이 두 수의 곱은 1316이고 합은 333입니다. 어떤 세 자리 수를 구하시오.

$$\begin{array}{r} \square\square\square \\ \times \quad \square \\ \hline 1\,3\,1\,6 \end{array} \qquad \begin{array}{r} \square\square\square \\ + \quad \square \\ \hline 3\,3\,3 \end{array}$$

( )

수학 학력평가

최종 모의고사 2회

점수

교재 뒤에 부록으로 있는 OMR 카드와 같이 활용하여 실제 HME 시험에 대비하세요.

1 □ 안에 공통으로 들어갈 수를 구하시오.

$9\times\square=99$ ⇨ $99\div9=\square$

(　　　　　　　　)

2 한 원에서 원의 중심은 몇 개입니까? ·····························(　　　)

① 1개　　② 2개
③ 3개　　④ 5개
⑤ 무수히 많습니다.

3 오른쪽 계산에서 □ 안의 수 1이 실제로 나타내는 수는 얼마입니까?

$$\begin{array}{r} \boxed{1} \\ 1\ 2\ 5 \\ \times\quad\ \ 3 \\ \hline 3\ 7\ 5 \end{array}$$

(　　　　　　　　)

4 우리나라 사물놀이에 쓰이는 악기 중 하나인 징입니다. 징은 원 모양이고 반지름이 19 cm라고 합니다. 징의 지름은 몇 cm입니까?

(　　　　　　　　) cm

5 빈 곳에 알맞은 수를 구하시오.

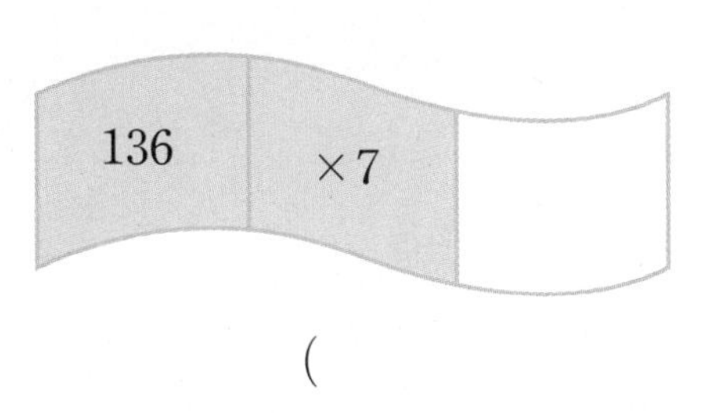

(　　　　　　　　)

6 $\frac{★}{7}$은 진분수입니다. ★이 될 수 <u>없는</u> 수는 어느 것입니까?····················(　　　)

① 2　② 4
③ 6　④ 7
⑤ 5

7 □ 안에 알맞은 수를 구하시오.

> 1시간의 $\frac{1}{3}$은 □분입니다.

(　　　　　　　　)

8 한 상자에 24개씩 들어 있는 초콜릿이 16상자 있습니다. 16상자에 들어 있는 초콜릿은 모두 몇 개입니까?

(　　　　　　　　)개

9 ㉠에 알맞은 수를 구하시오.

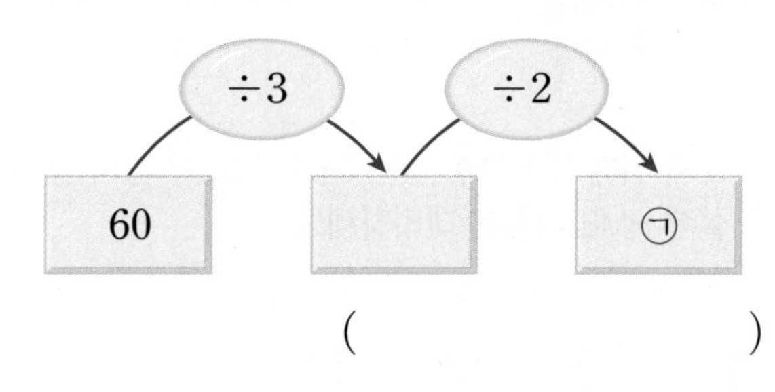

(　　　　　　　　)

10 94개의 구슬이 들어 있는 상자에서 구슬을 한 번에 7개씩 꺼내려고 합니다. 구슬을 모두 꺼내려면 몇 번 꺼내야 합니까?

(　　　　　　　　)번

11 □ 안에 들어갈 수 있는 자연수는 모두 몇 개입니까?

$$\frac{\square}{6} < 1\frac{1}{6}$$

( )개

12 두 곱의 차를 구하시오.

$17 \times 49 \qquad 6 \times 89$

( )

13 세발자전거와 두발자전거의 바퀴 수를 세어 보니 모두 153개였습니다. 두발자전거가 36대라면 세발자전거는 몇 대입니까?

( )대

14 4장의 수 카드 중에서 2장을 골라 한 번씩만 사용하여 두 자리 수를 만들려고 합니다. 만들 수 있는 수 중에서 세 번째로 큰 수와 가장 작은 수의 곱을 구하시오.

0 1 5 8

( )

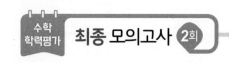

15 각 점은 원의 중심입니다. 선분 ㄱㄴ의 길이는 몇 cm입니까?

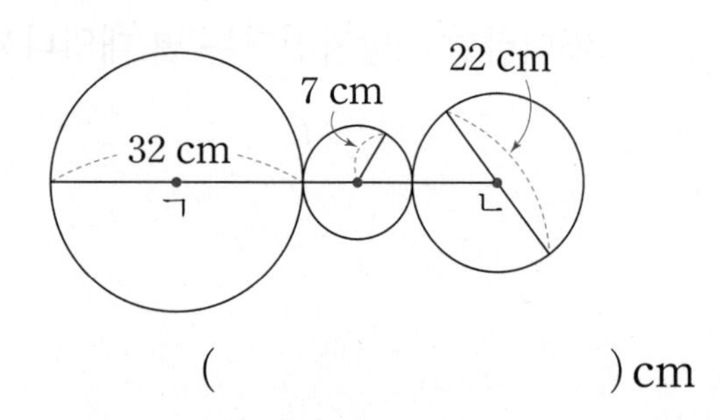

( ) cm

16 어떤 수에 25를 곱해야 할 것을 잘못하여 더했더니 63이 되었습니다. 바르게 계산하면 얼마입니까?

( )

17 색종이를 한 모둠에 6묶음씩 나누어 주었더니 8모둠에 주고 5묶음이 남았습니다. 색종이가 한 묶음에 15장씩 들어 있다면 처음에 있던 색종이는 모두 몇 장입니까?

( )장

18 직사각형 안에 크기가 같은 두 원의 일부를 그린 것입니다. 점 ㄱ과 점 ㄴ이 각 원의 중심이고 직사각형의 가로가 37 cm일 때, 직사각형의 세로는 몇 cm입니까?

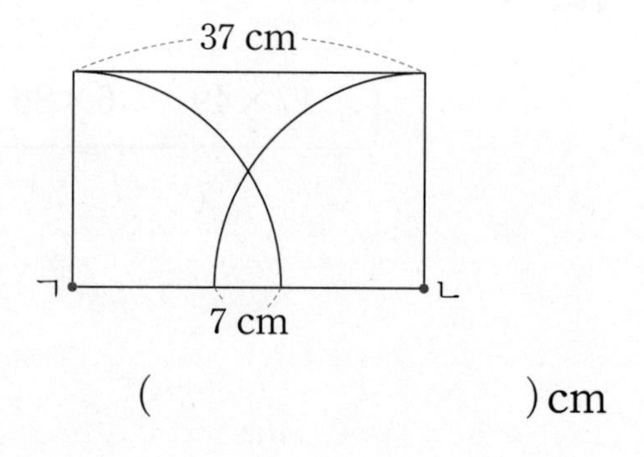

( ) cm

19 정아는 동화책을 어제는 전체의 $\frac{6}{15}$을 읽었고, 오늘은 전체의 $\frac{2}{15}$를 읽었습니다. 어제와 오늘 읽은 쪽수가 40쪽일 때, 동화책의 전체 쪽수는 모두 몇 쪽입니까?

( )쪽

20 점 ㄴ과 점 ㄹ은 각 원의 중심이고, 큰 원의 반지름은 작은 원의 반지름의 2배입니다. 사각형 ㄱㄴㄷㄹ의 네 변의 길이의 합이 84 cm일 때, 큰 원의 지름은 몇 cm입니까?

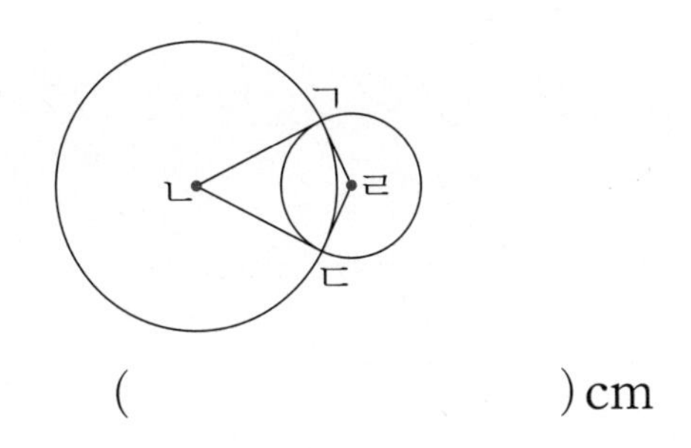

( ) cm

21 ㉠×㉡×㉢의 값을 구하시오.

$$\begin{array}{r} ㉠\ 8\ ㉡ \\ \times \quad\ \ 6 \\ \hline 3\ ㉢\ 2\ 8 \end{array}$$

( )

22 그림은 정사각형 안에 가장 큰 원을 그린 것입니다. 가장 작은 정사각형 안에 그린 원의 반지름은 몇 cm입니까?

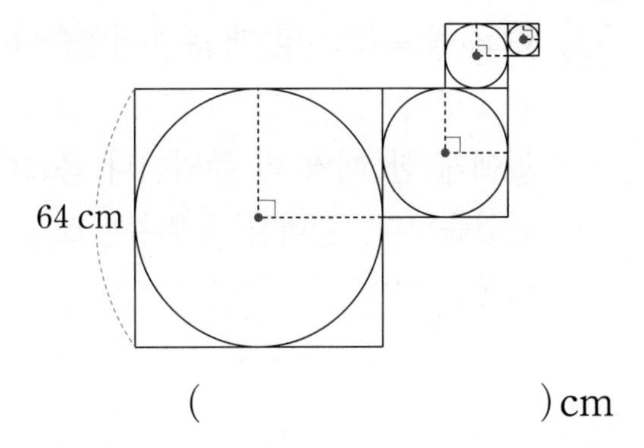

( ) cm

23 다음을 읽고 사과와 참외는 모두 몇 개인지 구하시오.

- 참외의 수는 사과의 수의 $\frac{1}{3}$입니다.
- 자두의 수는 사과의 수의 $\frac{1}{6}$입니다.
- 자두의 수는 4개입니다.

( )개

24 학생 37명에게 남김없이 똑같이 나누어 주려고 음료수를 몇 개 준비하였습니다. 그런데 2명이 학교에 오지 않아 학교에 온 학생들에게 한 개씩 더 주었더니 음료수가 3개 남았습니다. 준비한 음료수는 모두 몇 개입니까?

( )개

25 승하네 학교의 남학생 수는 전체 학생 수의 $\frac{5}{7}$보다 24명 적고, 여학생 수는 전체 학생 수의 $\frac{1}{7}$보다 69명 더 많다고 합니다. 승하네 학교의 전체 학생은 몇 명입니까?

( )명

수학 학력평가

최종 모의고사 3회

점수

교재 뒤에 부록으로 있는 OMR 카드와 같이 활용하여 실제 HME 시험에 대비하세요.

1 나눗셈식을 보고 나머지를 쓰시오.

$$\begin{array}{r} 7 \\ 6\overline{)45} \\ \underline{42} \\ 3 \end{array}$$

(　　　　　　　　)

2 다음 덧셈식과 계산한 값이 같은 것은 어느 것입니까? ························ (　　　)

384+384+384+384

① 384+384　② 384+4

③ 384×4　④ 384÷4

⑤ 384×384

3 나눗셈의 몫을 구하시오.

39÷3

(　　　　　　　　)

4 점 ㅇ은 원의 중심입니다. 그림에서 원의 반지름을 나타내는 선분은 모두 몇 개입니까?

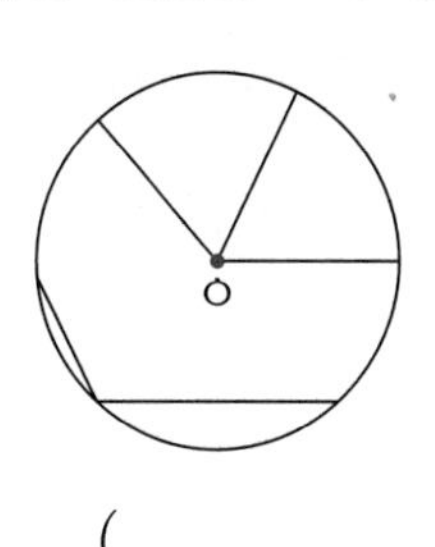

(　　　　　　　　)개

5 분자가 5인 진분수는 어느 것입니까?
······································ (　　　)

① $\frac{1}{5}$　② $\frac{5}{7}$

③ $\frac{5}{5}$　④ $1\frac{5}{6}$

⑤ $\frac{4}{5}$

최종 모의고사

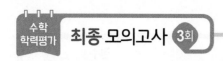

6 대분수를 가분수로 나타내려고 합니다. □ 안에 알맞은 수를 구하시오.

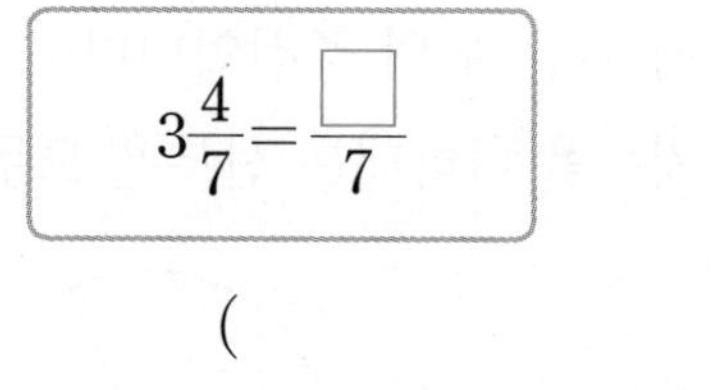

(　　　　　　　　)

7 다음과 같은 모양을 그리기 위하여 컴퍼스의 침을 꽂아야 할 곳은 모두 몇 군데입니까?

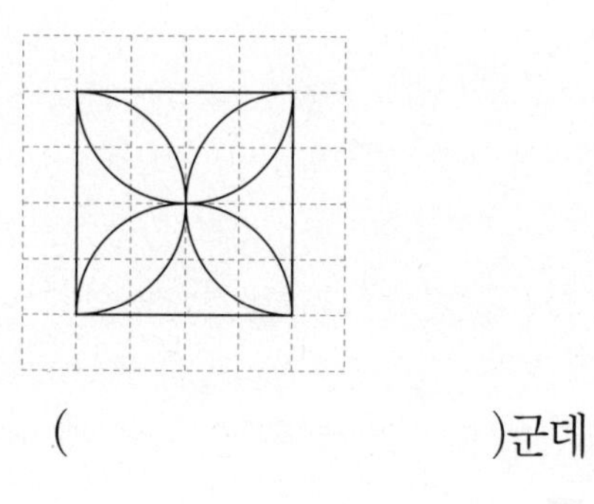

(　　　　　　　　)군데

8 바늘 한 쌈은 바늘 24개를 나타내는 단위입니다. 바늘 17쌈이 있을 때 바늘은 모두 몇 개입니까?

(　　　　　　　　)개

9 점 ㄱ과 점 ㄴ은 각 원의 중심입니다. 그림에서 선분 ㄱㄷ의 길이는 몇 cm입니까?

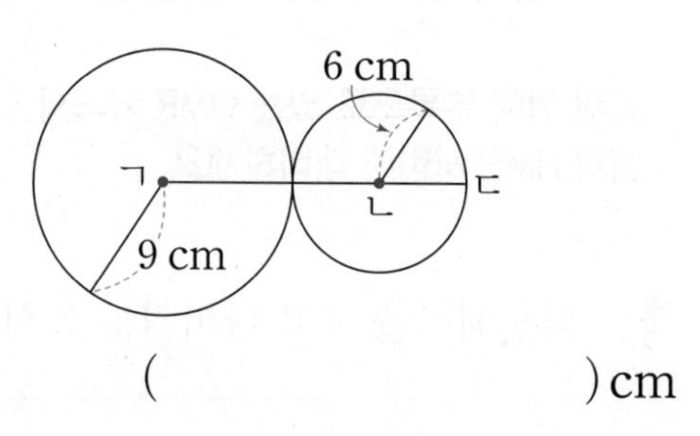

(　　　　　　　　)cm

10 지름이 10 cm인 원 모양의 종이를 **보기** 와 같이 원의 중심을 지나도록 반듯하게 두 번 접었습니다. 접은 종이를 펼쳤을 때 접어서 생긴 선분의 길이의 합은 모두 몇 cm입니까?

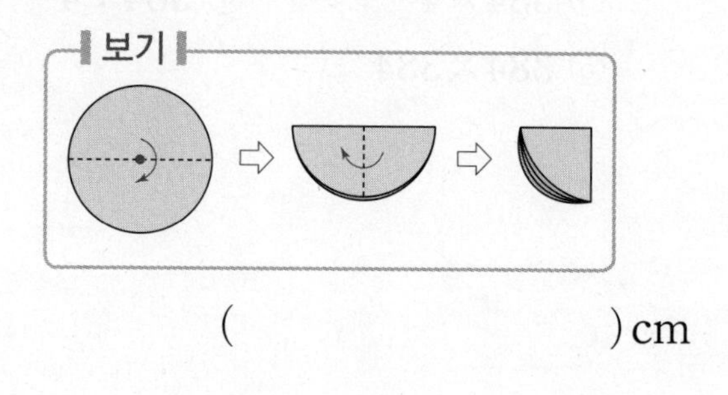

(　　　　　　　　)cm

11 □ 안에 들어갈 수 있는 자연수는 모두 몇 개입니까?

$$4\frac{5}{8} < \frac{\square}{8} < 5\frac{1}{8}$$

( )개

12 아이스크림 88개를 상자에 모두 담으려고 합니다. 한 상자에 7개씩 담을 수 있다면 상자는 적어도 몇 개 필요합니까?

( )개

13 어떤 수를 9로 나누면 몫이 6이고, 나머지가 4입니다. 어떤 수를 구하시오.

( )

14 ㉠+㉡의 값을 구하시오.

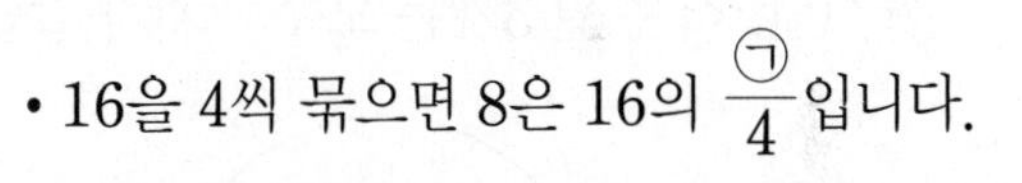

- 16을 4씩 묶으면 8은 16의 $\frac{㉠}{4}$입니다.
- 25를 5씩 묶으면 15는 25의 $\frac{㉡}{5}$입니다.

( )

최종 모의고사

15 신발을 한 상자에 48켤레씩 넣었더니 20상자가 되고 29켤레가 남았습니다. 신발은 모두 몇 켤레입니까?

( )켤레

16 각 점은 원의 중심입니다. 큰 원의 지름이 12 cm일 때, 작은 원의 반지름은 몇 cm입니까? (단, 작은 원 3개는 모두 크기가 같습니다.)

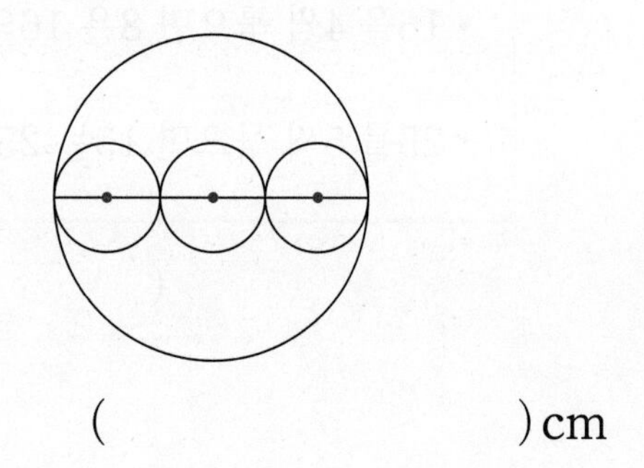

( ) cm

17 다음은 아라비아 숫자를 나타내는 이집트 숫자입니다. 이집트 숫자로 만든 두 수의 곱은 얼마입니까?

(단, ٤٧은 47을, ١٣은 13을 나타냅니다.)

아라비아 숫자	1	2	3	4	5
이집트 숫자	١	٢	٣	٤	٥
아라비아 숫자	6	7	8	9	0
이집트 숫자	٦	٧	٨	٩	٠

٨ ٥٤

( )

18 그림과 같이 직사각형 안에 똑같은 원 4개를 겹치는 부분이 같도록 그렸습니다. ㉠에 알맞은 수를 구하시오.

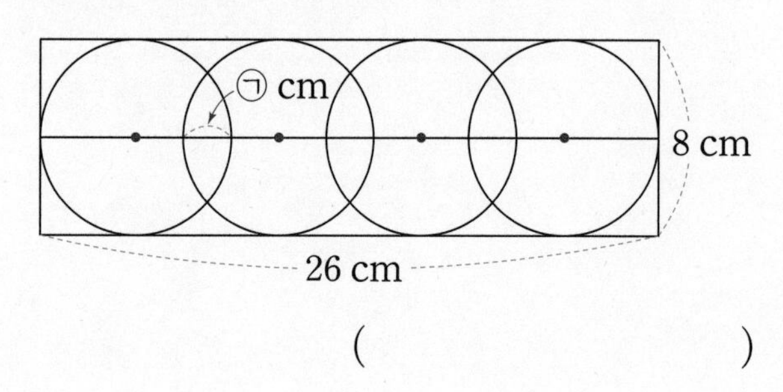

( )

19 5장의 수 카드 중 3장을 뽑아 한 번씩만 사용하여 분모가 4인 가장 큰 대분수를 만들려고 합니다. 만든 대분수를 가분수로 나타내었을 때 분자를 구하시오.

2　3　4　5　6

(　　　　　　　　)

20 반지름이 12 cm인 원 가의 둘레를 따라 지름이 4 cm인 원 나를 굴렸습니다. 원 나가 처음 출발한 위치에 다시 도착할 때까지 원 나의 중심이 지나간 자리를 따라 그린 원의 지름은 몇 cm입니까?

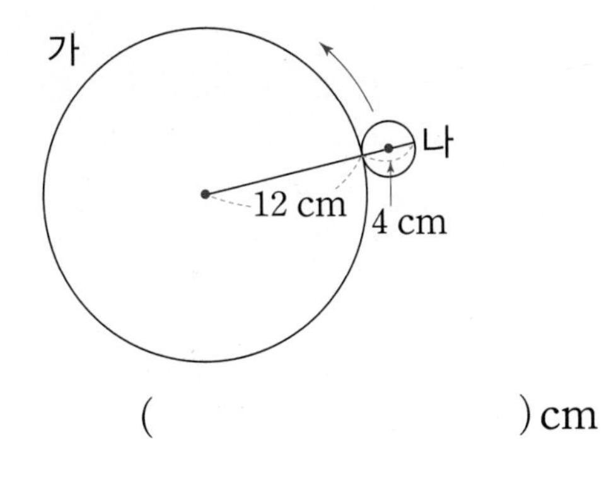

(　　　　　　　　) cm

21 다음과 같은 (두 자리 수)÷(한 자리 수)가 나누어떨어지도록 □ 안에 알맞은 수를 써넣으려고 합니다. □ 안에 들어갈 수 있는 수들의 합을 구하시오.

7□÷3

(　　　　　　　　)

22 어느 미술관의 어른 입장료는 600원이고, 어린이의 입장료는 어른 입장료의 $\frac{2}{3}$입니다. 어른 2명과 어린이 2명의 입장료를 모두 천 원짜리 지폐로만 낼 때 적어도 몇 장 내야 합니까?

(　　　　　　　　)장

최종 모의고사

23 ▌보기▐는 876432를 계속 이어 붙여 15자리 수를 만든 것입니다. 이때 마지막 세 자리 수는 876입니다.

▌보기▐
876432876432876

▌보기▐와 같은 방법으로 88자리 수를 만들 때, 마지막 세 자리 수는 무엇입니까?

( )

24 세로가 32 cm이고, 가로가 세로의 3배인 직사각형 안에 반지름이 2 cm인 원을 겹치지 않게 그리려고 합니다. 직사각형 안에 원을 몇 개까지 그릴 수 있습니까?

( )개

25 ▌조건▐에 알맞은 세 자리 수 ㉠과 한 자리 수 ㉡의 곱을 구하시오.

▌조건▐
㉠ 각 자리 수의 합이 9이고 일의 자리 숫자와 십의 자리 숫자는 같으며 백의 자리 숫자는 십의 자리 숫자보다 작습니다.
㉡ 두 수의 합이 27이고, 차가 17인 수 중에서 작은 수입니다.

( )

수학 학력평가

최종 모의고사 4회

점수

교재 뒤에 부록으로 있는 OMR 카드와 같이 활용하여 실제 HME 시험에 대비하세요.

1 그림을 보고 □ 안에 알맞은 수를 구하시오.

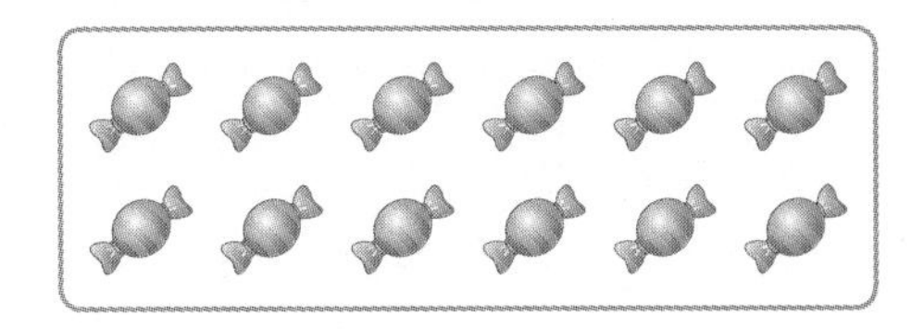

12의 $\frac{1}{6}$은 □입니다.

(　　　　　　　　)

2 곱셈을 하시오.

43×20

(　　　　　　　　)

3 컴퍼스를 그림과 같이 벌려서 원을 그리면 원의 지름은 몇 cm가 됩니까?

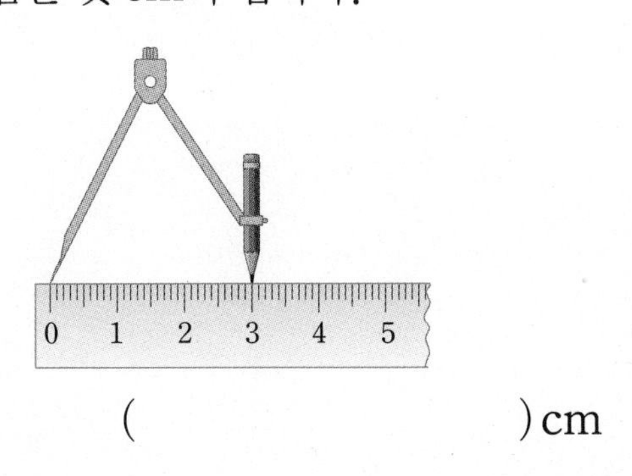

(　　　　　　　　) cm

4 원의 반지름을 나타내는 선분이 아닌 것은 어느 것입니까? ………………… (　　　)

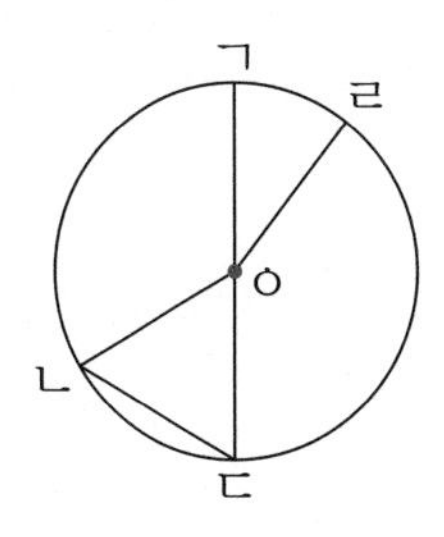

① 선분 ㄱㅇ　② 선분 ㅇㄴ　③ 선분 ㄷㅇ　④ 선분 ㄴㄷ　⑤ 선분 ㅇㄹ

5 다음은 15×27을 계산한 것입니다. □ 안에 알맞은 수를 구하시오.

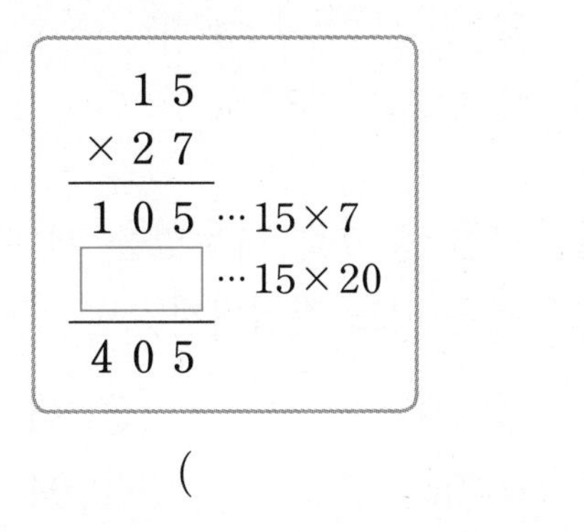

(　　　　　　　　)

최종 모의고사

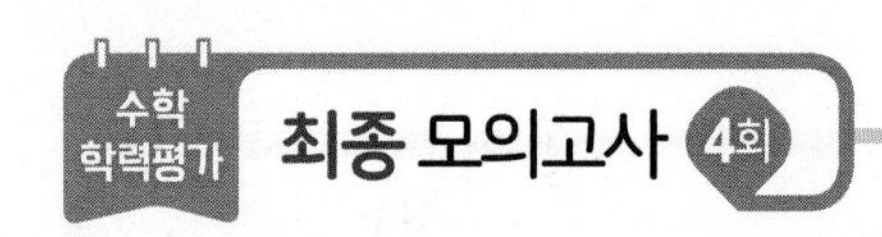

6 분자가 9인 진분수는 어느 것입니까? ····································(　　　)

① $\frac{9}{9}$　② $\frac{7}{9}$

③ $1\frac{9}{10}$　④ $\frac{9}{11}$

⑤ $\frac{9}{6}$

7 ㉠에 알맞은 수를 구하시오.

81÷6=13···㉠

(　　　　　)

8 다음 중 7로 나누었을 때 나누어떨어지는 것은 어느 것입니까? ·············(　　　)

① 79　② 84

③ 96　④ 94

⑤ 99

9 다음과 같은 모양을 그리기 위하여 컴퍼스의 침을 꽂아야 할 곳은 모두 몇 군데입니까?

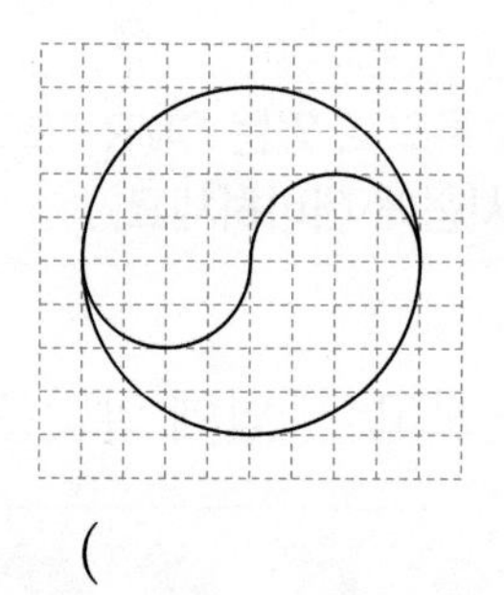

(　　　　　)군데

10 ㉠에 알맞은 수를 구하시오.

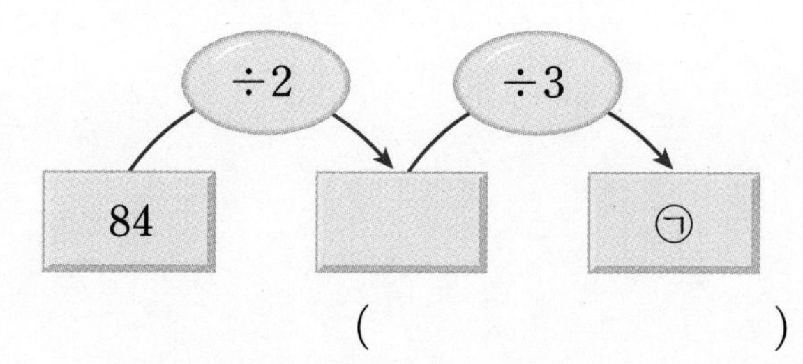

(　　　　　)

11 가장 큰 수와 가장 작은 수의 곱을 구하시오.

25 48 14

(   )

12 □ 안에 알맞은 수를 구하시오.

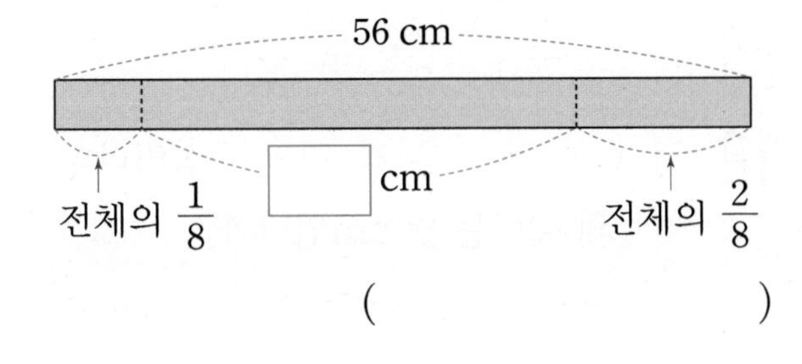

(   )

13 두 곱의 차를 구하시오.

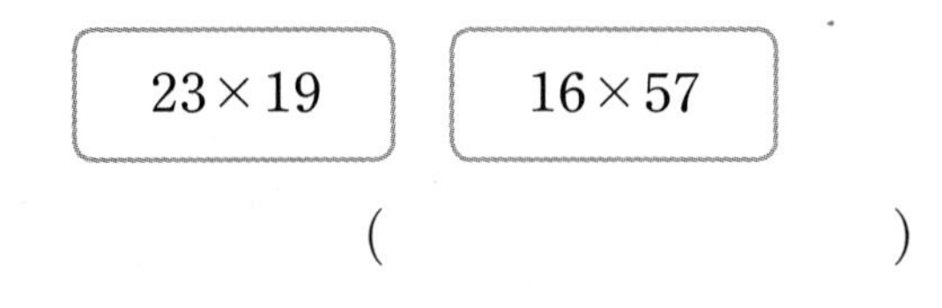

(   )

14 그림은 정사각형 안에 가장 큰 원을 그린 것입니다. 정사각형의 네 변의 길이의 합은 몇 cm입니까?

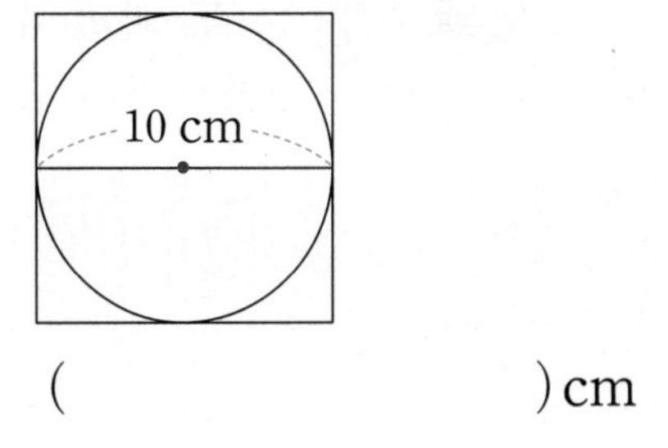

(   ) cm

15 □ 안에 들어갈 수 있는 자연수는 모두 몇 개입니까?

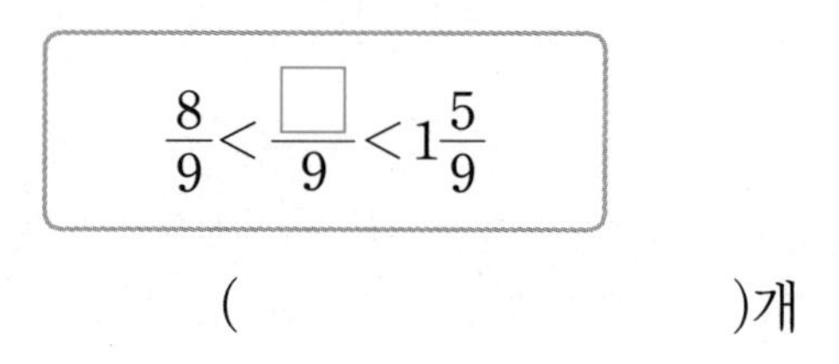

$\frac{8}{9} < \frac{\square}{9} < 1\frac{5}{9}$

(　　　　　　　　)개

16 3장의 수 카드 중에서 2장을 골라 만들 수 있는 가장 큰 두 자리 수를 나머지 카드의 수로 나눈 몫을 구하시오.

7　3　5

(　　　　　　　　)

17 목화의 솜을 이용하여 짠 천을 무명이라고 합니다. 무명으로 만든 버선 664켤레를 111명에게 6켤레씩 똑같이 나누어 주려고 합니다. 버선이 모자라지 않도록 하려면 몇 켤레가 더 필요합니까?

▲버선

(　　　　　　　　)켤레

18 점 ㄴ과 점 ㄷ은 각 원의 중심입니다. 선분 ㄱㄴ의 길이는 몇 cm입니까?

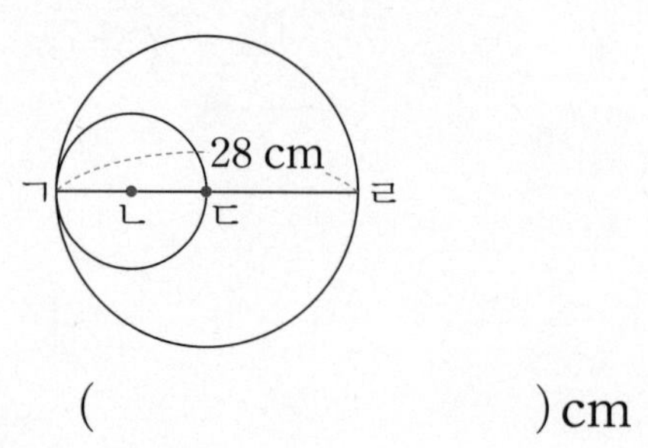

(　　　　　　　　) cm

19 다음 조건을 만족하는 자연수가 모두 13개일 때, □ 안에 알맞은 수를 구하시오.

72의 $\frac{2}{8}$보다 크고 64의 $\frac{\square}{8}$보다 작습니다.

( )

20 빨간색 구슬과 파란색 구슬이 다음과 같은 규칙으로 놓여 있을 때, 50번째까지 놓여진 구슬 중에서 빨간색 구슬은 파란색 구슬보다 몇 개 더 많습니까?

●●●●●●●●●●……

( )개

21 학생 350명과 10명씩 앉을 수 있는 긴 의자가 30개 있습니다. 10명씩 앉을 수 있는 긴 의자에 학생들이 남는 자리 없이 모두 앉고, 남은 학생들은 6명씩 앉을 수 있는 긴 의자에 앉으려고 합니다. 6명씩 앉을 수 있는 긴 의자는 적어도 몇 개 있어야 합니까?

( )개

22 떨어진 높이의 $\frac{2}{7}$만큼 튀어 오르는 공이 있습니다. 이 공을 49 m 높이에서 떨어뜨렸다면 두 번째로 튀어 오른 공의 높이는 몇 m입니까?

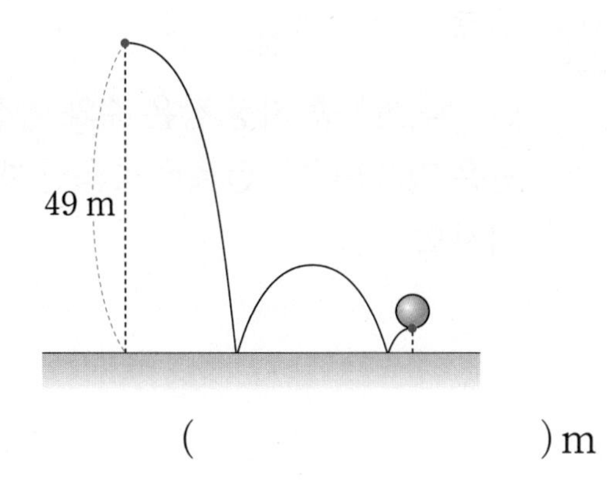

( ) m

최종 모의고사

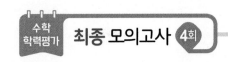

23 반지름을 일정한 규칙에 따라 늘여 가면서 원을 그렸습니다. 12번째에 그리게 될 원의 지름은 몇 cm입니까?

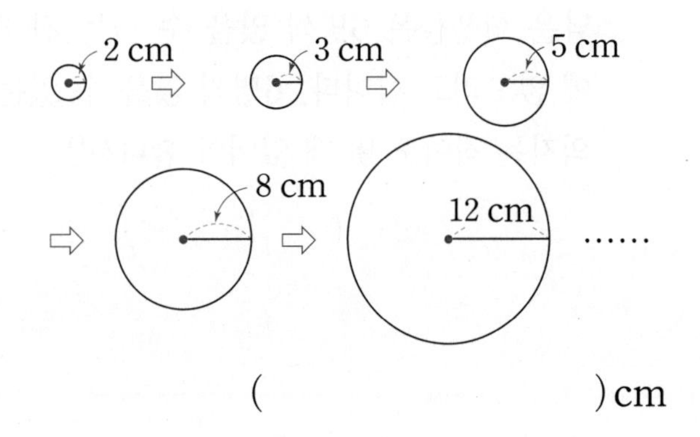

( )cm

24 연속하는 세 자연수 ㉠, ㉡, ㉢이 있습니다. ㉠, ㉡, ㉢ 중 가장 작은 수와 가장 큰 수의 곱은 783입니다. ㉠<㉡<㉢일 때, ㉡을 구하시오.

( )

25 그림과 같이 9 km에서 135 km까지의 거리를 똑같이 9칸으로 나누고, 135 km에서 170 km까지의 거리를 똑같이 7칸으로 나누었습니다. 1분에 5 km씩 가는 기차가 ㉮에서 ㉯까지 가는 데 걸리는 시간은 몇 분입니까?

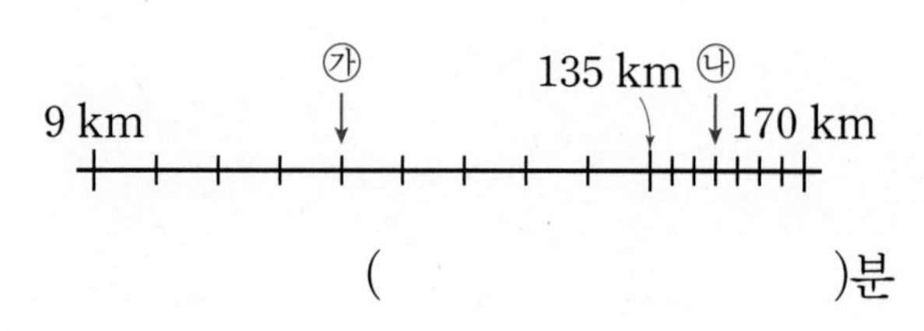

( )분

최종 모의고사 ①회

학 교 명:

성 명:

현재 학년: 반:

OMR 카드 작성시 유의사항

1. 학교명, 성명, 학년, 반 수험번호, 생년월일, 성별 기재
2. 반드시 원 안에 "●"와 같이 마킹 해야 합니다.
3. OMR카드에 답안 이외에 낙서 등 손상이 있는 경우 즉시 감독관에게 문의하시기 바랍니다.
4. 답을 작성하고 마킹을 하지 않는 경우 오답으로 간주합니다.
5. 답안은 작성 후 반드시 감독관에게 제출해야 합니다. 제출하지 않아 발생하는 사고에 대해서는 책임지지 않습니다.

※ OMR카드를 잘못 작성하여 발생한 성적결과는 책임지지 않습니다.

※ OMR 카드 작성 예시 ※

(맞는 경우)

1) 주관식 또는 객관식 답이 3인 경우

1번		
		3
	0	0
1	1	1
2	2	2
3	3	●

(틀린 경우)

2) 답이 120일 때, 마킹을 하지 않은 경우

1번		
1	2	0
	0	0
1	1	1
2	2	2
3	3	3

3) 답이 120일 때, 마킹을 일부만 한 경우

1번		
	0	0
●	1	1
2	●	2
3	3	3

	수 험 번 호												
(1)			–				–		–				
(2)	0	0		0	0	0				0	0	0	0
	1	1		1	1	1				1	1	1	1
	2	2		2	2	2		2		2	2	2	2
	3	3		3	3	3		3		3	3	3	3
	4	4		4	4	4		4		4	4	4	4
	5	5	–	5	5	5	–	5	–	5	5	5	5
	6	6		6	6	6		6		6	6	6	6
	7	7		7	7	7		7		7	7	7	7
	8	8		8	8	8		8		8	8	8	8
	9	9		9	9	9		9		9	9	9	9

※ (1)번 란에는 아라비아 숫자로 쓰고, (2)번란에는 해당란에 까맣게 표기해야 합니다.

1번	2번	3번	4번	5번	6번	7번	8번	9번	10번	11번	12번	13번
0 0	0 0	0 0	0 0	0 0	0 0	0 0	0 0	0 0	0 0	0 0	0 0	0 0
1 1 1	1 1 1	1 1 1	1 1 1	1 1 1	1 1 1	1 1 1	1 1 1	1 1 1	1 1 1	1 1 1	1 1 1	1 1 1
2 2 2	2 2 2	2 2 2	2 2 2	2 2 2	2 2 2	2 2 2	2 2 2	2 2 2	2 2 2	2 2 2	2 2 2	2 2 2
3 3 3	3 3 3	3 3 3	3 3 3	3 3 3	3 3 3	3 3 3	3 3 3	3 3 3	3 3 3	3 3 3	3 3 3	3 3 3
4 4 4	4 4 4	4 4 4	4 4 4	4 4 4	4 4 4	4 4 4	4 4 4	4 4 4	4 4 4	4 4 4	4 4 4	4 4 4
5 5 5	5 5 5	5 5 5	5 5 5	5 5 5	5 5 5	5 5 5	5 5 5	5 5 5	5 5 5	5 5 5	5 5 5	5 5 5
6 6 6	6 6 6	6 6 6	6 6 6	6 6 6	6 6 6	6 6 6	6 6 6	6 6 6	6 6 6	6 6 6	6 6 6	6 6 6
7 7 7	7 7 7	7 7 7	7 7 7	7 7 7	7 7 7	7 7 7	7 7 7	7 7 7	7 7 7	7 7 7	7 7 7	7 7 7
8 8 8	8 8 8	8 8 8	8 8 8	8 8 8	8 8 8	8 8 8	8 8 8	8 8 8	8 8 8	8 8 8	8 8 8	8 8 8
9 9 9	9 9 9	9 9 9	9 9 9	9 9 9	9 9 9	9 9 9	9 9 9	9 9 9	9 9 9	9 9 9	9 9 9	9 9 9

	생 년 월 일						성별
(1)	년		월		일		
(2)	0	0	0	0	0	0	남
	1	1	1	1	1	1	
	2	2		2	2	2	○
	3	3		3	3	3	
	4	4		4		4	
	5	5		5		5	여
	6	6		6		6	
	7	7		7		7	○
	8	8		8		8	
	9	9		9		9	

(예시) 2009년 3월 2일생인 경우, (1)번란 년, 월, 일 밑 빈칸에 09 03 02 를 쓰고, (2)란에는 까맣게 표기해야 합니다.

감 독 관 확 인 란

14번	15번	16번	17번	18번	19번	20번	21번	22번	23번	24번	25번
0 0	0 0	0 0	0 0	0 0	0 0	0 0	0 0	0 0	0 0	0 0	0 0
1 1 1	1 1 1	1 1 1	1 1 1	1 1 1	1 1 1	1 1 1	1 1 1	1 1 1	1 1 1	1 1 1	1 1 1
2 2 2	2 2 2	2 2 2	2 2 2	2 2 2	2 2 2	2 2 2	2 2 2	2 2 2	2 2 2	2 2 2	2 2 2
3 3 3	3 3 3	3 3 3	3 3 3	3 3 3	3 3 3	3 3 3	3 3 3	3 3 3	3 3 3	3 3 3	3 3 3
4 4 4	4 4 4	4 4 4	4 4 4	4 4 4	4 4 4	4 4 4	4 4 4	4 4 4	4 4 4	4 4 4	4 4 4
5 5 5	5 5 5	5 5 5	5 5 5	5 5 5	5 5 5	5 5 5	5 5 5	5 5 5	5 5 5	5 5 5	5 5 5
6 6 6	6 6 6	6 6 6	6 6 6	6 6 6	6 6 6	6 6 6	6 6 6	6 6 6	6 6 6	6 6 6	6 6 6
7 7 7	7 7 7	7 7 7	7 7 7	7 7 7	7 7 7	7 7 7	7 7 7	7 7 7	7 7 7	7 7 7	7 7 7
8 8 8	8 8 8	8 8 8	8 8 8	8 8 8	8 8 8	8 8 8	8 8 8	8 8 8	8 8 8	8 8 8	8 8 8
9 9 9	9 9 9	9 9 9	9 9 9	9 9 9	9 9 9	9 9 9	9 9 9	9 9 9	9 9 9	9 9 9	9 9 9

※ 실제 HME 해법수학 학력평가의 OMR 카드와 같습니다.

최종 모의고사 ❷회

학 교 명:

성 명:

현재 학년: 반:

OMR 카드 작성시 유의사항

1. 학교명, 성명, 학년, 반 수험번호, 생년월일, 성별 기재
2. 반드시 원 안에 "●"와 같이 마킹 해야 합니다.
3. OMR카드에 답안 이외에 낙서 등 손상이 있는 경우 즉시 감독관에게 문의하시기 바랍니다.
4. 답을 작성하고 마킹을 하지 않는 경우 오답으로 간주합니다.
5. 답안은 작성 후 반드시 감독관에게 제출해야 합니다. 제출하지 않아 발생하는 사고에 대해서는 책임지지 않습니다.

※ OMR카드를 잘못 작성하여 발생한 성적결과는 책임지지 않습니다.

※ OMR 카드 작성 예시 ※

(맞는 경우)

1) 주관식 또는 객관식 답이 3인 경우

1번		
백	십	3
	⓪	⓪
①	①	①
②	②	②
③	③	●

(틀린 경우)

답이 120일 때,
2) 마킹을 하지 않은 경우

1번		
1	2	0
	⓪	⓪
①	①	①
②	②	②
③	③	③

답이 120일 때,
3) 마킹을 일부만 한 경우

1번		
백	십	일
	⓪	⓪
●	①	①
②	●	②
③	③	③

	수	험		번			호						
(1)			–				–		–				
(2)	⓪	⓪		⓪	⓪	⓪				⓪	⓪	⓪	⓪
	①	①		①	①	①				①	①	①	①
	②	②		②	②	②		②		②	②	②	②
	③	③		③	③	③		③		③	③	③	③
	④	④		④	④	④		④		④	④	④	④
	⑤	⑤	–	⑤	⑤	⑤	–	⑤	–	⑤	⑤	⑤	⑤
	⑥	⑥		⑥	⑥	⑥		⑥		⑥	⑥	⑥	⑥
	⑦	⑦		⑦	⑦	⑦		⑦		⑦	⑦	⑦	⑦
	⑧	⑧		⑧	⑧	⑧		⑧		⑧	⑧	⑧	⑧
	⑨	⑨		⑨	⑨	⑨		⑨		⑨	⑨	⑨	⑨

※ (1)번 란에는 아라비아 숫자로 쓰고, (2)번란에는 해당란에 까맣게 표기해야 합니다.

	생	년	월	일			성별
	년		월		일		
(1)							
(2)	⓪	⓪	⓪	⓪	⓪	⓪	남
	①	①	①	①	①	①	
	②	②		②	②	②	○
	③	③		③	③	③	
	④	④		④		④	
	⑤	⑤		⑤		⑤	여
	⑥	⑥		⑥		⑥	
	⑦	⑦		⑦		⑦	○
	⑧	⑧		⑧		⑧	
	⑨	⑨		⑨		⑨	

(예시) 2009년 3월 2일생인 경우, (1)번란 년, 월, 일 밑 빈칸에 09 03 02 를 쓰고, (2)란에는 까맣게 표기해야 합니다.

감 독 관 확 인 란

1번	2번	3번	4번	5번	6번	7번	8번	9번	10번	11번	12번	13번
백 십 일	백 십 일	백 십 일	백 십 일	백 십 일	백 십 일	백 십 일	백 십 일	백 십 일	백 십 일	백 십 일	백 십 일	백 십 일
⓪ ⓪	⓪ ⓪	⓪ ⓪	⓪ ⓪	⓪ ⓪	⓪ ⓪	⓪ ⓪	⓪ ⓪	⓪ ⓪	⓪ ⓪	⓪ ⓪	⓪ ⓪	⓪ ⓪
① ① ①	① ① ①	① ① ①	① ① ①	① ① ①	① ① ①	① ① ①	① ① ①	① ① ①	① ① ①	① ① ①	① ① ①	① ① ①
② ② ②	② ② ②	② ② ②	② ② ②	② ② ②	② ② ②	② ② ②	② ② ②	② ② ②	② ② ②	② ② ②	② ② ②	② ② ②
③ ③ ③	③ ③ ③	③ ③ ③	③ ③ ③	③ ③ ③	③ ③ ③	③ ③ ③	③ ③ ③	③ ③ ③	③ ③ ③	③ ③ ③	③ ③ ③	③ ③ ③
④ ④ ④	④ ④ ④	④ ④ ④	④ ④ ④	④ ④ ④	④ ④ ④	④ ④ ④	④ ④ ④	④ ④ ④	④ ④ ④	④ ④ ④	④ ④ ④	④ ④ ④
⑤ ⑤ ⑤	⑤ ⑤ ⑤	⑤ ⑤ ⑤	⑤ ⑤ ⑤	⑤ ⑤ ⑤	⑤ ⑤ ⑤	⑤ ⑤ ⑤	⑤ ⑤ ⑤	⑤ ⑤ ⑤	⑤ ⑤ ⑤	⑤ ⑤ ⑤	⑤ ⑤ ⑤	⑤ ⑤ ⑤
⑥ ⑥ ⑥	⑥ ⑥ ⑥	⑥ ⑥ ⑥	⑥ ⑥ ⑥	⑥ ⑥ ⑥	⑥ ⑥ ⑥	⑥ ⑥ ⑥	⑥ ⑥ ⑥	⑥ ⑥ ⑥	⑥ ⑥ ⑥	⑥ ⑥ ⑥	⑥ ⑥ ⑥	⑥ ⑥ ⑥
⑦ ⑦ ⑦	⑦ ⑦ ⑦	⑦ ⑦ ⑦	⑦ ⑦ ⑦	⑦ ⑦ ⑦	⑦ ⑦ ⑦	⑦ ⑦ ⑦	⑦ ⑦ ⑦	⑦ ⑦ ⑦	⑦ ⑦ ⑦	⑦ ⑦ ⑦	⑦ ⑦ ⑦	⑦ ⑦ ⑦
⑧ ⑧ ⑧	⑧ ⑧ ⑧	⑧ ⑧ ⑧	⑧ ⑧ ⑧	⑧ ⑧ ⑧	⑧ ⑧ ⑧	⑧ ⑧ ⑧	⑧ ⑧ ⑧	⑧ ⑧ ⑧	⑧ ⑧ ⑧	⑧ ⑧ ⑧	⑧ ⑧ ⑧	⑧ ⑧ ⑧
⑨ ⑨ ⑨	⑨ ⑨ ⑨	⑨ ⑨ ⑨	⑨ ⑨ ⑨	⑨ ⑨ ⑨	⑨ ⑨ ⑨	⑨ ⑨ ⑨	⑨ ⑨ ⑨	⑨ ⑨ ⑨	⑨ ⑨ ⑨	⑨ ⑨ ⑨	⑨ ⑨ ⑨	⑨ ⑨ ⑨

14번	15번	16번	17번	18번	19번	20번	21번	22번	23번	24번	25번
백 십 일	백 십 일	백 십 일	백 십 일	백 십 일	백 십 일	백 십 일	백 십 일	백 십 일	백 십 일	백 십 일	백 십 일
⓪ ⓪	⓪ ⓪	⓪ ⓪	⓪ ⓪	⓪ ⓪	⓪ ⓪	⓪ ⓪	⓪ ⓪	⓪ ⓪	⓪ ⓪	⓪ ⓪	⓪ ⓪
① ① ①	① ① ①	① ① ①	① ① ①	① ① ①	① ① ①	① ① ①	① ① ①	① ① ①	① ① ①	① ① ①	① ① ①
② ② ②	② ② ②	② ② ②	② ② ②	② ② ②	② ② ②	② ② ②	② ② ②	② ② ②	② ② ②	② ② ②	② ② ②
③ ③ ③	③ ③ ③	③ ③ ③	③ ③ ③	③ ③ ③	③ ③ ③	③ ③ ③	③ ③ ③	③ ③ ③	③ ③ ③	③ ③ ③	③ ③ ③
④ ④ ④	④ ④ ④	④ ④ ④	④ ④ ④	④ ④ ④	④ ④ ④	④ ④ ④	④ ④ ④	④ ④ ④	④ ④ ④	④ ④ ④	④ ④ ④
⑤ ⑤ ⑤	⑤ ⑤ ⑤	⑤ ⑤ ⑤	⑤ ⑤ ⑤	⑤ ⑤ ⑤	⑤ ⑤ ⑤	⑤ ⑤ ⑤	⑤ ⑤ ⑤	⑤ ⑤ ⑤	⑤ ⑤ ⑤	⑤ ⑤ ⑤	⑤ ⑤ ⑤
⑥ ⑥ ⑥	⑥ ⑥ ⑥	⑥ ⑥ ⑥	⑥ ⑥ ⑥	⑥ ⑥ ⑥	⑥ ⑥ ⑥	⑥ ⑥ ⑥	⑥ ⑥ ⑥	⑥ ⑥ ⑥	⑥ ⑥ ⑥	⑥ ⑥ ⑥	⑥ ⑥ ⑥
⑦ ⑦ ⑦	⑦ ⑦ ⑦	⑦ ⑦ ⑦	⑦ ⑦ ⑦	⑦ ⑦ ⑦	⑦ ⑦ ⑦	⑦ ⑦ ⑦	⑦ ⑦ ⑦	⑦ ⑦ ⑦	⑦ ⑦ ⑦	⑦ ⑦ ⑦	⑦ ⑦ ⑦
⑧ ⑧ ⑧	⑧ ⑧ ⑧	⑧ ⑧ ⑧	⑧ ⑧ ⑧	⑧ ⑧ ⑧	⑧ ⑧ ⑧	⑧ ⑧ ⑧	⑧ ⑧ ⑧	⑧ ⑧ ⑧	⑧ ⑧ ⑧	⑧ ⑧ ⑧	⑧ ⑧ ⑧
⑨ ⑨ ⑨	⑨ ⑨ ⑨	⑨ ⑨ ⑨	⑨ ⑨ ⑨	⑨ ⑨ ⑨	⑨ ⑨ ⑨	⑨ ⑨ ⑨	⑨ ⑨ ⑨	⑨ ⑨ ⑨	⑨ ⑨ ⑨	⑨ ⑨ ⑨	⑨ ⑨ ⑨

※ 실제 HME 해법수학 학력평가의 OMR 카드와 같습니다.

최종 모의고사 ❸회

학 교 명:

성 명:

현재 학년: 반:

OMR 카드 작성시 유의사항

1. 학교명, 성명, 학년, 반 수험번호, 생년월일, 성별 기재
2. 반드시 원 안에 "●"와 같이 마킹 해야 합니다.
3. OMR카드에 답안 이외에 낙서 등 손상이 있는 경우 즉시 감독관에게 문의하시기 바랍니다.
4. 답을 작성하고 마킹을 하지 않는 경우 오답으로 간주합니다.
5. 답안은 작성 후 반드시 감독관에게 제출해야 합니다. 제출하지 않아 발생하는 사고에 대해서는 책임지지 않습니다.

※ OMR카드를 잘못 작성하여 발생한 성적결과는 책임지지 않습니다.

※ OMR 카드 작성 예시 ※

(맞는 경우)

1) 주관식 또는 객관식 답이 3인 경우

1번		
		3
	0	0
1	1	1
2	2	2
3	3	●

(틀린 경우)

2) 답이 120일 때, 마킹을 하지 않은 경우

1번		
1	2	0
	0	0
1	1	1
2	2	2
3	3	3

3) 답이 120일 때, 마킹을 일부만 한 경우

1번		
	0	0
●	1	1
2	●	2
3	3	3

수험번호													
(1)			–				–		–				
(2)	0	0		0	0	0				0	0	0	0
	1	1		1	1	1				1	1	1	1
	2	2		2	2	2		2		2	2	2	2
	3	3		3	3	3		3		3	3	3	3
	4	4		4	4	4		4		4	4	4	4
	5	5	–	5	5	5	–	5	–	5	5	5	5
	6	6		6	6	6		6		6	6	6	6
	7	7		7	7	7		7		7	7	7	7
	8	8		8	8	8		8		8	8	8	8
	9	9		9	9	9		9		9	9	9	9

※ (1)번 란에는 아라비아 숫자로 쓰고, (2)번란에는 해당란에 까맣게 표기해야 합니다.

답란	1번	2번	3번	4번	5번	6번	7번	8번	9번	10번	11번	12번	13번
	백 십 일	백 십 일	백 십 일	백 십 일	백 십 일	백 십 일	백 십 일	백 십 일	백 십 일	백 십 일	백 십 일	백 십 일	백 십 일
0	0 0	0 0	0 0	0 0	0 0	0 0	0 0	0 0	0 0	0 0	0 0	0 0	0 0
1	1 1 1	1 1 1	1 1 1	1 1 1	1 1 1	1 1 1	1 1 1	1 1 1	1 1 1	1 1 1	1 1 1	1 1 1	1 1 1
2	2 2 2	2 2 2	2 2 2	2 2 2	2 2 2	2 2 2	2 2 2	2 2 2	2 2 2	2 2 2	2 2 2	2 2 2	2 2 2
3	3 3 3	3 3 3	3 3 3	3 3 3	3 3 3	3 3 3	3 3 3	3 3 3	3 3 3	3 3 3	3 3 3	3 3 3	3 3 3
4	4 4 4	4 4 4	4 4 4	4 4 4	4 4 4	4 4 4	4 4 4	4 4 4	4 4 4	4 4 4	4 4 4	4 4 4	4 4 4
5	5 5 5	5 5 5	5 5 5	5 5 5	5 5 5	5 5 5	5 5 5	5 5 5	5 5 5	5 5 5	5 5 5	5 5 5	5 5 5
6	6 6 6	6 6 6	6 6 6	6 6 6	6 6 6	6 6 6	6 6 6	6 6 6	6 6 6	6 6 6	6 6 6	6 6 6	6 6 6
7	7 7 7	7 7 7	7 7 7	7 7 7	7 7 7	7 7 7	7 7 7	7 7 7	7 7 7	7 7 7	7 7 7	7 7 7	7 7 7
8	8 8 8	8 8 8	8 8 8	8 8 8	8 8 8	8 8 8	8 8 8	8 8 8	8 8 8	8 8 8	8 8 8	8 8 8	8 8 8
9	9 9 9	9 9 9	9 9 9	9 9 9	9 9 9	9 9 9	9 9 9	9 9 9	9 9 9	9 9 9	9 9 9	9 9 9	9 9 9

생년월일	년		월		일		성별
(1)							
(2)	0	0	0	0	0	0	남
	1	1	1	1	1	1	
	2	2		2	2	2	○
	3	3		3	3	3	
	4	4		4		4	
	5	5		5		5	여
	6	6		6		6	
	7	7		7		7	○
	8	8		8		8	
	9	9		9		9	

(예시) 2009년 3월 2일생인 경우, (1)번란 년, 월, 일 밑 빈칸에 09 03 02 를 쓰고, (2)란에는 까맣게 표기해야 합니다.

감 독 관 확 인 란

답란	14번	15번	16번	17번	18번	19번	20번	21번	22번	23번	24번	25번
	백 십 일	백 십 일	백 십 일	백 십 일	백 십 일	백 십 일	백 십 일	백 십 일	백 십 일	백 십 일	백 십 일	백 십 일
0	0 0	0 0	0 0	0 0	0 0	0 0	0 0	0 0	0 0	0 0	0 0	0 0
1	1 1 1	1 1 1	1 1 1	1 1 1	1 1 1	1 1 1	1 1 1	1 1 1	1 1 1	1 1 1	1 1 1	1 1 1
2	2 2 2	2 2 2	2 2 2	2 2 2	2 2 2	2 2 2	2 2 2	2 2 2	2 2 2	2 2 2	2 2 2	2 2 2
3	3 3 3	3 3 3	3 3 3	3 3 3	3 3 3	3 3 3	3 3 3	3 3 3	3 3 3	3 3 3	3 3 3	3 3 3
4	4 4 4	4 4 4	4 4 4	4 4 4	4 4 4	4 4 4	4 4 4	4 4 4	4 4 4	4 4 4	4 4 4	4 4 4
5	5 5 5	5 5 5	5 5 5	5 5 5	5 5 5	5 5 5	5 5 5	5 5 5	5 5 5	5 5 5	5 5 5	5 5 5
6	6 6 6	6 6 6	6 6 6	6 6 6	6 6 6	6 6 6	6 6 6	6 6 6	6 6 6	6 6 6	6 6 6	6 6 6
7	7 7 7	7 7 7	7 7 7	7 7 7	7 7 7	7 7 7	7 7 7	7 7 7	7 7 7	7 7 7	7 7 7	7 7 7
8	8 8 8	8 8 8	8 8 8	8 8 8	8 8 8	8 8 8	8 8 8	8 8 8	8 8 8	8 8 8	8 8 8	8 8 8
9	9 9 9	9 9 9	9 9 9	9 9 9	9 9 9	9 9 9	9 9 9	9 9 9	9 9 9	9 9 9	9 9 9	9 9 9

※ 실제 HME 해법수학 학력평가의 OMR 카드와 같습니다.

최종 모의고사 ❹회

학 교 명:

성 명:

현재 학년: 반:

OMR 카드 작성시 유의사항

1. 학교명, 성명, 학년, 반 수험번호, 생년월일, 성별 기재
2. 반드시 원 안에 "●"와 같이 마킹 해야 합니다.
3. OMR카드에 답안 이외에 낙서 등 손상이 있는 경우 즉시 감독관에게 문의하시기 바랍니다.
4. 답을 작성하고 마킹을 하지 않는 경우 오답으로 간주합니다.
5. 답안은 작성 후 반드시 감독관에게 제출해야 합니다. 제출하지 않아 발생하는 사고에 대해서는 책임지지 않습니다.

※ OMR카드를 잘못 작성하여 발생한 성적결과는 책임지지 않습니다.

※ OMR 카드 작성 예시 ※

(맞는 경우)
1) 주관식 또는 객관식 답이 3인 경우

(틀린 경우)
답이 120일 때,
2) 마킹을 하지 않은 경우
3) 마킹을 일부만 한 경우

1번 백 십 일

수 험 번 호

(1)

(2)

※ (1)번 란에는 아라비아 숫자로 쓰고, (2)번란에는 해당란에 까맣게 표기해야 합니다.

생 년 월 일 (년 월 일) 성별 (남 / 여)

(예시) 2009년 3월 2일생인 경우, (1)번란 년, 월, 일 밑 빈칸에 09 03 02 를 쓰고, (2)란에는 까맣게 표기해야 합니다.

감 독 관 확 인 란

1번 2번 3번 4번 5번 6번 7번 8번 9번 10번 11번 12번 13번 (백 십 일)

14번 15번 16번 17번 18번 19번 20번 21번 22번 23번 24번 25번 (백 십 일)

※ 실제 HME 해법수학 학력평가의 OMR 카드와 같습니다.

HME

수 학

학력평가 하반기 대비

HME

수학 학력평가

하반기 대비

정답 및 풀이

천재교육

HME
수 학
학력평가
하반기
대비

수학 학력평가

정답 및 풀이

1단원 기출 유형 정답률 75% 이상

5~11쪽

유형 ① 80
1 200
2 600
유형 ② 620
3 690
4 4536
유형 ③ 819
5 735
6 84
유형 ④ 408
7 510
유형 ⑤ 930
8 1140
9 162
유형 ⑥ 22
10 (위에서부터) 3, 5, 1
11 (위에서부터) 6, 7
유형 ⑦ 546
12 896
13 혜수, 72
유형 ⑧ 510
14 2222
유형 ⑨ 40
15 80
16 110
유형 ⑩ 630
17 450
18 3000
유형 ⑪ 544
19 5184
유형 ⑫ 790
20 윤재, 20
유형 ⑬ 360
21 390
22 840
유형 ⑭ 7
23 6
24 6

유형 ① 2는 십의 자리 → 실제로 20을 나타냅니다.
4는 일의 자리 → 실제로 4를 나타냅니다.
⇨ $20\times4=80$

1 4는 일의 자리 → 실제로 4를 나타냅니다.
5는 십의 자리 → 실제로 50을 나타냅니다.
⇨ $4\times50=200$

2 3은 백의 자리 → 실제로 300을 나타냅니다.
2는 일의 자리 → 실제로 2를 나타냅니다.
⇨ $300\times2=600$

유형 ② $31>25>20$이므로 가장 큰 수는 31, 가장 작은 수는 20입니다.
⇨ $31\times20=620$

3 $30>27>23$이므로 가장 큰 수는 30, 가장 작은 수는 23입니다.
⇨ $30\times23=690$

4 $72>67>63>48$이므로 가장 큰 수는 72, 두 번째로 작은 수는 63입니다.
⇨ $72\times63=4536$

유형 ③ 일주일은 7일이므로 일주일 동안 수학 문제를 모두 $117\times7=819$(개) 풀게 됩니다.

5 일주일은 7일이므로 일주일 동안 종이학을 모두 $105\times7=735$(개) 접게 됩니다.

6 (나은이가 푼 수학 문제 수)$=123\times7$
$=861$(개)
(민혁이가 푼 수학 문제 수)$=105\times9$
$=945$(개)
⇨ $945-861=84$(개)

유형 ④ (초콜릿 바 2개의 열량)$=165\times2$
$=330$(킬로칼로리)
⇨ (초콜릿 바 2개와 사과 1개의 열량)
$=330+78$
$=408$(킬로칼로리)

7 (계단 오르기 1시간의 소모 열량)
=(계단 오르기 30분의 소모 열량)×2
=135×2=270(킬로칼로리)
⇨ (계단 오르기 1시간과 수영 30분의 소모 열량)
=270+240
=510(킬로칼로리)

유형 5 (15분 동안 뛰는 맥박수)
=(1분 동안 뛰는 맥박수)×(시간)
=62×15=930(번)

8 (12분 동안 하는 줄넘기 횟수)
=(1분 동안 하는 줄넘기 횟수)×(시간)
=95×12=1140(번)

9 푸는 순서

❶ 수진이의 18분 동안의 호흡수 구하기
❷ 엄마의 18분 동안의 호흡수 구하기
❸ ❶과 ❷의 차 구하기

❶ (수진이의 18분 동안의 호흡수)=25×18
=450(번)
❷ (엄마의 18분 동안의 호흡수)=16×18
=288(번)
❸ 450−288=162(번)

유형 6

```
  ㉠ 5 ㉡
×     3
────────
 1 9 ㉢ 7
```

• ㉡×3의 일의 자리 숫자가 7 → ㉡=9
• 5×3=15, 일의 자리 계산에서 올림한 수 2를 더하면 15+2=17 → ㉢=7
• ㉠×3에 십의 자리 계산에서 올림한 수 1을 더하여 19이므로 ㉠×3=18 → ㉠=6

⇨ ㉠+㉡+㉢=6+9+7=22

10

```
  ㉠ 3 ㉡
×     6
────────
 2 0 ㉢ 0
```

• ㉡×6의 일의 자리 숫자가 0 → ㉡=0 또는 ㉡=5
㉡=0일 때 ㉠30×6은 20㉢0이 될 수 없으므로 ㉡=5입니다.
• 3×6=18, 일의 자리 계산에서 올림한 수 3을 더하면 18+3=21 → ㉢=1
• ㉠×6에 십의 자리 계산에서 올림한 수 2를 더하여 20이므로 ㉠×6=18 → ㉠=3

11

```
    3 ㉠
×   ㉡ 9
────────
 2 8 4 4
```

• ㉠×9의 일의 자리 숫자가 4 → ㉠=6
• 36×9=324이고 2844−324=2520이므로 36×㉡0=2520 → ㉡=7

유형 7 일주일은 7일이므로 3주일은 7×3=21(일)입니다.
(3주일 동안 읽을 수 있는 동화책의 쪽수)
=26×21=546(쪽)

12 (4주일)=7×4=28(일)
(4주일 동안 읽을 수 있는 동화책의 쪽수)
=32×28=896(쪽)

13 (2주일)=7×2=14(일)
(혜수가 운동을 한 시간)=35×14
=490(분)
(정현이가 운동을 한 시간)=38×11
=418(분)
⇨ 490분>418분이므로 혜수가
490−418=72(분) 더 많이 운동을 했습니다.

유형 8 ㉮★㉯ ⇨ ㉮×㉯=㉰, ㉰+㉯=㉱
33★15 ⇨ 33×15=495(㉰), 495(㉰)+15=510

14 전략 가이드

보기 에서 ♥의 규칙을 찾아 38을 가, 56을 나로 생각하여 계산합니다.

가♥나 ⇨ 가×나=다, 다+가+나=라
38♥56 ⇨ 38×56=2128,
2128+38+56=2222

유형 9 60×60=3600 ⇨ 90×□=3600
90×40=3600이므로 □ 안에 알맞은 수는 40입니다.

15 40×60=2400 ⇨ □×30=2400
80×30=2400이므로 □ 안에 알맞은 수는 80입니다.

16 • $60\times30=1800$ ⇨ □$\times90=1800$,
$20\times90=1800$이므로 □$=20$입니다.
• $675\times8=5400$ ⇨ $60\times$□$=5400$,
$60\times90=5400$이므로 □$=90$입니다.
⇨ $20+90=110$

유형 10 (어른 3명의 입장료)$=840\times3$
$=2520$(원)
(어린이 5명의 입장료)$=370\times5$
$=1850$(원)
⇨ (거스름돈)$=5000-2520-1850$
$=2480-1850$
$=630$(원)

참고
(거스름돈)=(낸 돈)−(어른 3명의 입장료)
−(어린이 5명의 입장료)

17 (연필 4자루의 가격)$=350\times4=1400$(원)
(색연필 7자루의 가격)$=450\times7=3150$(원)
⇨ (거스름돈)$=5000-1400-3150$
$=3600-3150$
$=450$(원)

18 (사탕 5개의 가격)$=150\times5=750$(원)
(쿠키 8개의 가격)$=230\times8=1840$(원)
⇨ (낸 돈)$=410+750+1840$
$=1160+1840$
$=3000$(원)

유형 11 앞의 수와 뒤의 수를 더한 다음, 두 수의 합에 뒤의 수를 곱하는 규칙입니다.
18◉16 ⇨ $18+16=34$, $34\times16=544$

19 앞의 수를 두 번 곱하고 뒤의 수도 두 번 곱한 다음, 두 곱끼리 곱하는 규칙입니다.
8♥9 ⇨ $8\times8=64$, $9\times9=81$,
$64\times81=5184$

유형 12 10원짜리 동전 14개: 10×14
$=140$(원)
50원짜리 동전 13개: 50×13
$=650$(원)
⇨ (저금통 안에 들어 있는 동전의 금액)
$=140+650=790$(원)

20 윤재: 100원짜리 동전 1개: 100원
50원짜리 동전 11개: $50\times11=550$(원)
→ $100+550=650$(원)
서이: 500원짜리 동전 1개: 500원
10원짜리 동전 13개: $10\times13=130$(원)
→ $500+130=630$(원)
⇨ 650원>630원이므로 윤재가
$650-630=20$(원) 더 많습니다.

유형 13 연필 1자루의 값은 할인점이 문구점보다
$90-60=30$(원) 더 쌉니다.
⇨ 연필 1타를 할인점에서 샀다면 문구점보다
$30\times12=360$(원) 더 싸게 샀습니다.

21 (도화지 1장의 값의 차)$=80-65$
$=15$(원)
⇨ (도화지 26장의 값의 차)$=15\times26$
$=390$(원)

22 푸는 순서
❶ 막대 사탕의 수 구하기
❷ 막대 사탕 1개의 값의 차 구하기
❸ 막대 사탕 24개의 값의 차 구하기

❶ (막대 사탕의 수)$=6\times4=24$(개)
❷ (막대 사탕 1개의 값의 차)$=100-65$
$=35$(원)
❸ (막대 사탕 24개의 값의 차)
$=35\times24=840$(원)

유형 14 □ 안에 9부터 수를 차례로 넣어보면
$72\times\boxed{9}0=6480$ → $6480>4500$ (○)
$72\times\boxed{8}0=5760$ → $5760>4500$ (○)
$72\times\boxed{7}0=5040$ → $5040>4500$ (○)
$72\times\boxed{6}0=4320$ → $4320<4500$ (×)
⋮
⇨ □ 안에 들어갈 수 있는 가장 작은 수는 7입니다.

23 □ 안에 수를 차례로 넣어보면

$45\times\boxed{5}0=2250 \rightarrow 2250<2300$ (×)

$45\times\boxed{6}0=2700 \rightarrow 2700>2300$ (○)

$45\times\boxed{7}0=3150 \rightarrow 3150>2300$ (○)

⋮

⇨ □ 안에 들어갈 수 있는 가장 작은 수는 6입니다.

24 전략 가이드

86×47을 계산한 다음 □ 안에 수를 차례로 넣어 크기를 비교해 봅니다.

$86\times47=4042$이므로 $65\times\square0<4042$입니다.

□ 안에 수를 차례로 넣어 곱의 크기를 비교해 보면

$65\times\boxed{4}0=2600 \rightarrow 2600<4042$ (○)

$65\times\boxed{5}0=3250 \rightarrow 3250<4042$ (○)

$65\times\boxed{6}0=3900 \rightarrow 3900<4042$ (○)

$65\times\boxed{7}0=4550 \rightarrow 4550>4042$ (×)

⋮

⇨ □ 안에 들어갈 수 있는 가장 큰 수는 6입니다.

1단원 기출 유형

12 ~ 13쪽

유형 15 810	25 ㈎ 자전거, 60
유형 16 9	
26 5, 6	27 18
유형 17 13	28 15
유형 18 11	
29 25×47=1175(또는 47×25=1175)	

유형 15 1시간 30분=1시간+30분

=60분+30분

=90분

90분=15분+15분+15분+15분+15분+15분

=15분×6

⇨ 1시간 30분 동안에 인형을 모두 $135\times6=810$(개) 만들 수 있습니다.

25 2시간 30분=2시간+30분

=120분+30분

=150분

• ㈎ 자전거:

150분=25분+25분+25분+25분+25분+25분

=25분×6

→ $165\times6=990$(대)

• ㈏ 자전거:

150분=30분+30분+30분+30분+30분

=30분×5

→ $186\times5=930$(대)

⇨ 2시간 30분 동안에 ㈎ 자전거를 $990-930=60$(대) 더 많이 만들 수 있습니다.

유형 16 $64\times20=1280$, $28\times75=2100$이므로

$1280<415\times\square<2100$입니다.

□=3이면

$415\times3=1245 \rightarrow 1280>1245$ (×)

□=4이면

$415\times4=1660 \rightarrow 1280<1660<2100$ (○)

□=5이면

$415\times5=2075 \rightarrow 1280<2075<2100$ (○)

□=6이면

$415\times6=2490 \rightarrow 2490>2100$ (×)

⇨ □ 안에 들어갈 수 있는 수는 4, 5이므로 $4+5=9$입니다.

26 전략 가이드

20×40과 27×45를 계산한 다음 □ 안에 수를 차례로 넣어 크기를 비교해 봅니다.

$20\times40=800$, $27\times45=1215$이므로

$800<184\times\square<1215$입니다.

□=4이면

$184\times4=736 \rightarrow 800>736$ (×)

□=5이면

$184\times5=920 \rightarrow 800<920<1215$ (○)

□=6이면

$184\times6=1104 \rightarrow 800<1104<1215$ (○)

□=7이면

$184\times7=1288 \rightarrow 1288>1215$ (×)

⇨ □ 안에 들어갈 수 있는 수는 5, 6입니다.

27 $23\times64=1472$, $80\times30=2400$이므로
$1472<50\times\square<2400$입니다.
$\square=29$이면
$50\times29=1450$ → $1472>1450$ (×)
$\square=30$이면
$50\times30=1500$ → $1472<1500<2400$ (○)
⋮
$\square=47$이면
$50\times47=2350$ → $1472<2350<2400$ (○)
$\square=48$이면
$50\times48=2400$ → $2400=2400$ (×)
⇨ □ 안에 들어갈 수 있는 수는 30, 31⋯⋯, 47로 모두 $47-30+1=18$(개)입니다.

유형 17 ㉠×㉡의 일의 자리 숫자가 2이고, ㉠>㉡인 경우를 알아보면

㉠	2	4	6	7	8	9
㉡	1	3	2	6	4	8

곱의 십의 자리 숫자가 6이므로 일의 자리에서 올림한 수는 $6-2=4$ → ㉠×㉡=42이므로
㉠=7, ㉡=6입니다.
⇨ ㉠+㉡=7+6=13

28 ㉠×㉡의 일의 자리 숫자가 4이고, ㉠<㉡인 경우를 알아보면

㉠	1	2	3	4	6
㉡	4	7	8	6	9

곱의 십의 자리 숫자가 9이므로 일의 자리에서 올림한 수는 $9-4=5$ → ㉠×㉡=54이므로
㉠=6, ㉡=9입니다.
⇨ ㉠+㉡=6+9=15

유형 18 $8>6>4>3$이므로 곱이 가장 큰 곱셈식은 $83\times64=5312$입니다.

```
   8 3
 × 6 4
 -----
 5 3 1 2
```

⇨ ㉠+㉡+㉢+㉣=5+3+1+2=11

29 $2>4>5>7$이므로 곱이 가장 작은 곱셈식은 $25\times47=1175$입니다.

1단원 종합

14 ~ 16쪽

1 4000
2 $80\times72=5760$ (또는 $72\times80=5760$)
3 650
4 (위에서부터) 5, 7, 8
5 정효, 42
6 1025
7 2300
8 6
9 700
10 26
11 5976
12 42

1 [8]은 십의 자리 → 실제로 80을 나타냅니다.
[5]는 십의 자리 → 실제로 50을 나타냅니다.
⇨ $80\times50=4000$

2 두 수의 곱이 가장 크게 되려면
(가장 큰 수)×(두 번째로 큰 수)입니다.
⇨ $80\times72=5760$

참고
㉠>㉡>㉢인 세 수에서
- 두 수의 곱이 가장 큰 곱셈식은 ㉠×㉡입니다.
- 두 수의 곱이 가장 작은 곱셈식은 ㉢×㉡입니다.

3 (5상자에 넣은 클립의 수)
=(한 상자에 넣은 클립의 수)×(상자 수)
$=124\times5=620$(개)
⇨ (전체 클립의 수)$=620+30$
$=650$(개)

4
```
   2 ㉠ 8
 ×     ㉡
 ---------
 1 ㉢ 0 6
```
- 8×㉡의 일의 자리 숫자가 6이므로
㉡=2 또는 ㉡=7입니다.
㉡=2일 때 2㉠8×2는 1㉢06이 될 수 없으므로
㉡=7입니다.
- ㉠×7에 일의 자리 계산에서 올림한 수 5를 더해 일의 자리 숫자가 0이므로
㉠×7=35, ㉠=5입니다.
- $258\times7=1806$이므로 ㉢=8입니다.

5 지우: (4주일) $=7\times4=28$(일)
(윗몸일으키기의 수) $=30\times28$
$=840$(개)
정효: (3주일) $=7\times3=21$(일)
(윗몸일으키기의 수) $=42\times21$
$=882$(개)
⇨ 840개 < 882개이므로 정효가
$882-840=42$(개) 더 많이 했습니다.

6 가◉나 ⇨ 가×나=다, 다−나=라
26◉41 ⇨ $26\times41=1066$,
$1066-41=1025$

7 • 50원짜리 동전 16개: $50\times16=800$(원)
• 500원짜리 동전 3개: $500\times3=1500$(원)
⇨ $800+1500=2300$(원)

8 $29\times30=870$, $68\times55=3740$
$870<43\times$□$0<3740$에서 □ 안에 수를 차례로 넣어보면
□=2이면
$43\times$ 2 $0=860\rightarrow870>860$ (×)
□=3이면
$43\times$ 3 $0=1290\rightarrow870<1290<3740$ (◯)
□=4이면
$43\times$ 4 $0=1720\rightarrow870<1720<3740$ (◯)
□=5이면
$43\times$ 5 $0=2150\rightarrow870<2150<3740$ (◯)
□=6이면
$43\times$ 6 $0=2580\rightarrow870<2580<3740$ (◯)
□=7이면
$43\times$ 7 $0=3010\rightarrow870<3010<3740$ (◯)
□=8이면
$43\times$ 8 $0=3440\rightarrow870<3440<3740$ (◯)
□=9이면
$43\times$ 9 $0=3870\rightarrow3870>3740$ (×)
⇨ □ 안에 들어갈 수 있는 수는 3, 4, 5, 6, 7, 8로 모두 6개입니다.

9 1시간 20분=1시간+20분
=60분+20분
=80분
80분=20분+20분+20분+20분
=20분×4
⇨ 1시간 20분 동안에 장난감 자동차를 모두
$175\times4=700$(개) 만들 수 있습니다.

10 ㉠×㉡의 일의 자리 숫자가 2이고, ㉠<㉡인 경우를 알아보면

㉠	1	2	3	4	6	8
㉡	2	6	4	8	7	9

곱의 십의 자리 숫자가 9이므로 일의 자리에서 올림한 수는 $9-2=7$ → ㉠×㉡=72이므로
㉠=8, ㉡=9입니다.
$888\times9=7992$이므로 ㉢=9입니다.
⇨ ㉠+㉡+㉢=$8+9+9=26$

11 $8>7>3>2$이므로 곱이 큰
(두 자리 수)×(두 자리 수)는
$82\times73=5986$ 또는 $83\times72=5976$입니다.
$5986>5976$이므로 두 번째로 큰 곱은 5976입니다.

12 전략 가이드
연속하는 두 수는 몇십부터 몇십까지의 수인지를 이용하여 십의 자리 숫자를 찾고, 곱의 일의 자리 숫자를 이용하여 두 수를 구합니다.

$40\times40=1600$, $50\times50=2500$
두 수의 곱이 1806이므로 뽑은 두 번호는 40부터 50까지의 수입니다.
연속된 두 수의 곱의 일의 자리 숫자가 6이므로 두 수의 일의 자리 숫자는 2와 3 또는 7과 8입니다.
$42\times43=1806$ (◯), $47\times48=2256$ (×)
⇨ 윤하가 뽑은 번호는 앞의 번호이므로 42번입니다.

2단원 기출 유형

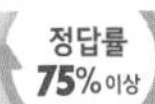

17 ~ 21쪽

유형 ① ②
1 ㉠ | 2 ①, ②
유형 ② 13
3 19 | 4 14
유형 ③ 14
5 36 | 6 17
유형 ④ 16
7 31 | 8 30
유형 ⑤ 63
9 96 | 10 67
유형 ⑥ 6
11 7 | 12 29
유형 ⑦ 10
13 1, 4, 7 | 14 12
유형 ⑧ 9
15 12 | 16 41, 1
유형 ⑨ 7
17 8 | 18 ③, ④
유형 ⑩ 18
19 33 | 20 23

유형 ① 나머지는 나누는 수보다 항상 작으므로 나누는 수가 5보다 커야 합니다.
⇨ 나머지가 5가 될 수 없는 식은 ②입니다.

참고
(나누어지는 수)÷(나누는 수)=(몫)…(나머지)
⇨ (나누는 수)>(나머지)

1 나머지는 나누는 수보다 항상 작으므로 나누는 수는 4보다 커야 합니다.
⇨ 나머지가 4가 될 수 없는 식은 ㉠입니다.

2 나머지는 나누는 수보다 항상 작으므로 나누는 수가 6보다 커야 합니다.
⇨ 나머지가 6이 될 수 없는 식은 ①, ②입니다.

유형 ② (한 상자에 담을 수 있는 탁구공의 수)
=(전체 탁구공의 수)÷(상자 수)
$=65\div5$
=13(개)

3 (한 명에게 줄 수 있는 구슬의 수)
=(전체 구슬의 수)÷(사람 수)
$=76\div4$
=19(개)

4 전체 곶감의 수: 84개
⇨ (한 상자에 담을 수 있는 곶감의 수)
=(전체 곶감의 수)÷(상자의 수)
$=84\div6$
=14(개)

유형 ③ 정사각형은 네 변의 길이가 모두 같습니다.
⇨ (한 변의 길이)$=56\div4$
$=14$ (cm)

참고
(정사각형의 한 변의 길이)=(네 변의 길이의 합)÷4

5 (한 변의 길이)=(세 변의 길이의 합)÷3
$=108\div3$
$=36$ (cm)

6
푸는 순서
❶ 철사 한 도막의 길이 구하기
❷ 정사각형의 한 변의 길이 구하기

❶ (철사 한 도막의 길이)$=136\div2$
$=68$ (cm)
❷ 만든 정사각형의 네 변의 길이의 합이 68 cm이므로
(정사각형의 한 변의 길이)$=68\div4$
$=17$ (cm)

유형 ④ • $45\div3=15$ → ★=15
• $97\div6=16\cdots1$ → ♥=1
⇨ ★+♥$=15+1=16$

7 • 98÷7=14 → ◉=14
• 87÷5=17…2 → ♠=17
⇨ ◉+♠=14+17=31

8 832÷4=208 → ●=208
208÷6=34…4 → ★=34, ■=4
⇨ ★−■=34−4=30

유형 5 □÷4=15…3에서
4×15=60 ⇨ 60+3=□, □=63

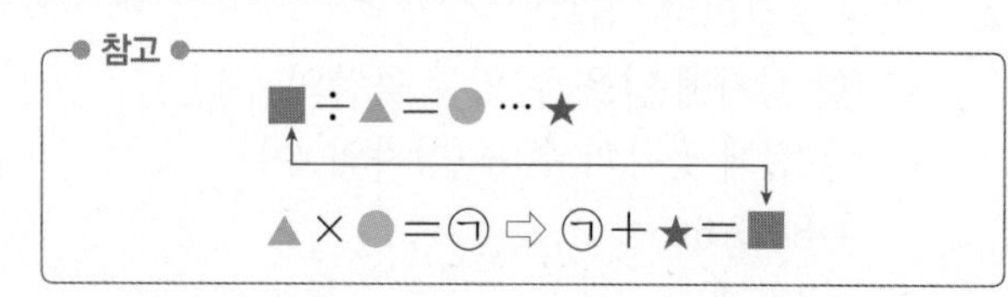

9 □÷7=13…5에서
7×13=91 ⇨ 91+5=□, □=96

10 어떤 수를 □라 하면
□÷5=13…2에서
5×13=65 ⇨ 65+2=□, □=67

유형 6 나머지가 5가 되려면 나누는 수는 5보다 큰 수인 6이 되어야 합니다.
14÷6=2…2　　41÷6=6…5
⇨ 나머지가 5가 되는 나눗셈의 몫은 6입니다.

> 참고
> 나머지가 ★이 되려면 나누는 수는 ★보다 큰 수이어야 합니다.

11

> 전략 가이드
> 나머지가 4가 되려면 나누는 수는 4보다 큰 수이어야 합니다.

나머지가 4가 되려면 나누는 수는 4보다 큰 수인 5, 7이 되어야 합니다.
37÷5=7…2　　73÷5=14…3
35÷7=5　　53÷7=7…4
⇨ 나머지가 4가 되는 나눗셈의 몫은 7입니다.

12 만들 수 있는 나눗셈을 계산하면
25÷8=3…1　　28÷5=5…3
52÷8=6…4　　58÷2=29
82÷5=16…2　　85÷2=42…1
⇨ 나누어떨어지는 나눗셈의 몫은 29입니다.

유형 7

```
    1 ●
6 ) 7 □
    6
    1 □
    1 □
      0
```

6×●=1□가 될 수 있는 식은 6×2=12, 6×3=18이므로 □ 안에 들어갈 수 있는 수는 2, 8입니다.
⇨ 2+8=10

13

```
    2 ●
3 ) 8 □
    6
    2 □
    2 □
      0
```

3×●=2□가 될 수 있는 식은 3×7=21, 3×8=24, 3×9=27이므로 □ 안에 들어갈 수 있는 수는 1, 4, 7입니다.

14

```
      6 □
4 ) 2 ㉠ 6
    2 4
      ★ 6
      ★ 6
        0
```

4×□=★6이 될 수 있는 식은 4×4=16, 4×9=36이므로 □=4 또는 9입니다.
□=4일 때 64×4=256이므로 ㉠=5
□=9일 때 69×4=276이므로 ㉠=7
⇨ 5+7=12

유형 8 어떤 수를 □라 하면
50÷□=6…2에서
□×6=▲ ⇨ ▲+2=50, ▲=48이므로
□×6=48, □=8입니다.
⇨ 72÷8=9

15 어떤 수를 □라 하면
$79 \div \square = 9 \cdots 7$에서
$\square \times 9 = ▲$ ⇨ $▲ + 7 = 79$, $▲ = 72$이므로
$\square \times 9 = 72$, $\square = 8$입니다.
⇨ $96 \div 8 = 12$

16 전략 가이드

어떤 수를 □라 하여 □의 값을 구한 다음 206을 □로 나누었을 때의 몫과 나머지를 구합니다.

어떤 수를 □라 하면
$67 \div \square = 13 \cdots 2$에서
$\square \times 13 = ▲$ ⇨ $▲ + 2 = 67$, $▲ = 65$입니다.
$\square \times 13 = 65$에서 $5 \times 13 = 65$이므로 $\square = 5$입니다.
⇨ $206 \div 5 = 41 \cdots 1$이므로 몫은 41, 나머지는 1입니다.

유형 9 $\square \div 8$의 나머지가 될 수 있는 수: 8보다 작은 수
⇨ $\square \div 8$의 나머지가 될 수 있는 자연수 중에서 가장 큰 수는 7입니다.

참고

어떤 수를 ★로 나누었을 때 나머지가 될 수 있는 자연수 중에서 가장 큰 수는 (★−1)입니다.

17 $\square \div 9$의 나머지가 될 수 있는 수는 9보다 작은 수입니다.
⇨ $\square \div 9$의 나머지가 될 수 있는 자연수 중에서 가장 큰 수는 8입니다.

18 어떤 수를 7로 나누면 나머지는 7보다 작아야 합니다.
⇨ ③ 7, ④ 9는 나머지가 될 수 없습니다.

유형 10 $124 \div 7 = 17 \cdots 5$
동화책을 매일 7쪽씩 17일 동안 읽으면 5쪽이 남습니다.
남은 5쪽도 읽어야 하므로 동화책을 모두 읽는 데 적어도 $17 + 1 = 18$(일)이 걸립니다.

19 $162 \div 5 = 32 \cdots 2$
책을 5권씩 32칸에 꽂으면 2권이 남습니다.
남은 2권도 책꽂이에 꽂아야 하므로 책꽂이는 적어도 $32 + 1 = 33$(칸) 필요합니다.

20 (연필의 수)$= 12 \times 17 = 204$(자루)
$204 \div 9 = 22 \cdots 6$
연필을 9자루씩 필통 22개에 넣으면 6자루가 남습니다.
남은 6자루도 필통에 넣어야 하므로 필통은 적어도 $22 + 1 = 23$(개) 필요합니다.

2단원 기출 유형 (정답률 55% 이상)

22 ~ 23쪽

유형 11 27	21 2, 5, 8
유형 12 3	
22 2	23 벌, 7
유형 13 1	
24 5	25 1
유형 14 5	26 80

유형 11

```
      1 ㉡
 ㉠ ) 5 ㉢
      ㉣
      ㉤ 7
      ㉥㉦
        1
```

- ㉢$=7$, ㉤$7-$㉥㉦$=1$에서 ㉦$=6$입니다.
- ㉠<5이고 ㉠$\times$㉡$=$㉥6에서 곱의 일의 자리 숫자가 6이 되는 경우는 $2 \times 8 = 16$, $4 \times 4 = 16$, $4 \times 9 = 36$입니다.
  그런데 $4 \times 9 = 36$에서 ㉥$=3$, ㉦$=6$인 경우에는 이 나눗셈에 맞지 않습니다. → ㉥$=1$, ㉤$=1$
- $5-$㉣$=1$, $5-1=$㉣, ㉣$=4$
- ㉠$\times 1=$㉣, ㉠$\times 1 = 4$, ㉠$=4$
- ㉠$\times$㉡$=$㉥㉦에서 $4 \times$㉡$=16$이므로 ㉡$=4$입니다.

⇨ ㉠+㉡+㉢+㉣+㉤+㉥+㉦
$= 4+4+7+4+1+1+6$
$= 27$

21

$$\begin{array}{r} 1\,㉠ \\ 3\overline{)\,5\,\bigstar} \\ ㉡ \\ \hline ㉢㉣ \\ 2\,㉤ \\ \hline 1 \end{array}$$

• $3\times1=㉡$, $㉡=3$
• $5-㉡=㉢$, $5-3=㉢$, $㉢=2$
• $3\times㉠=2㉤$에서 $3\times7=21$, $3\times8=24$, $3\times9=27$이므로 (㉠, ㉤)은 (7, 1), (8, 4), (9, 7) 중 하나입니다.
• $\bigstar=㉣$이고 $㉣-㉤=1$이므로
$㉣-1=1 \rightarrow ㉣=2$
$㉣-4=1 \rightarrow ㉣=5$
$㉣-7=1 \rightarrow ㉣=8$
⇨ ★에 들어갈 수 있는 수는 2, 5, 8입니다.

유형 12 (사마귀의 수)$=51\div3$
$=17$(마리)
(베짱이의 수)$=28\div2$
$=14$(마리)
⇨ 사마귀는 베짱이보다 $17-14=3$(마리) 더 많습니다.

22 (나비의 수)$=60\div3$
$=20$(마리)
(잠자리의 수)$=36\div2$
$=18$(마리)
⇨ 잠자리는 나비보다 $20-18=2$(마리) 더 적습니다.

23 푸는 순서

❶ 벌의 수 구하기
❷ 거미의 수 구하기
❸ ❶과 ❷를 비교하여 차 구하기

❶ (벌의 수)$=52\div2$
$=26$(마리)
❷ (거미의 수)$=152\div8$
$=19$(마리)
❸ 26마리$>$19마리이므로 벌이 $26-19=7$(마리) 더 많습니다.

유형 13 $89\div6=14\cdots5$
사탕을 6명에게 14개씩 나누어 주면 5개가 남습니다.
남는 것이 없도록 6명에게 똑같이 나누어 주려면 사탕은 적어도 $6-5=1$(개) 더 있어야 합니다.

참고
남는 것이 없이 똑같이 나누어 주려면 적어도 더 필요한 물건의 수는 (나누는 수)$-$(나머지)로 구합니다.

24 $135\div7=19\cdots2$
연필을 7명에게 19자루씩 나누어 주면 2자루가 남습니다.
남는 것이 없도록 7명에게 똑같이 나누어 주려면 연필은 적어도 $7-2=5$(자루) 더 있어야 합니다.

25 (초콜릿의 수)$=27\times5=135$(개)
$135\div8=16\cdots7$
초콜릿을 8명에게 16개씩 나누어 주면 7개가 남습니다.
남는 것이 없도록 8명에게 똑같이 나누어 주려면 초콜릿은 적어도 $8-7=1$(개) 더 있어야 합니다.

유형 14 2, 5, 8, 0, 1의 5개의 숫자가 반복되는 규칙입니다.
⇨ $117\div5=23\cdots2$이므로 117번째 숫자는 2, 5, 8, 0, 1이 23번 반복된 후 2번째 숫자인 5입니다.

26 전략 가이드

반복되는 규칙을 찾아 플루트가 몇 번 반복되고 몇 개가 더 있는지 구합니다.

플루트 3개와 트럼펫 2개가 반복되는 규칙입니다.
$132\div5=26\cdots2$
130번째까지 5개의 악기가 26번 반복되고 플루트 2개가 더 놓입니다.
⇨ 플루트는 130번째까지 3개씩 26번 놓이므로 $3\times26=78$(개)이고, 131번째와 132번째에 플루트가 2개 더 놓이므로 132번째까지 플루트는 모두 $78+2=80$(개)입니다.

2단원 종합

24 ~ 26쪽

1 13	**2** 13
3 14	**4** 89
5 5, 3	**6** 2, 6
7 2, 6	**8** 28
9 (위에서부터) 5 ; 3, 7 ; 6 ; 1 ; 1, 5	
10 5	**11** 58
12 5	

1 (한 명에게 줄 사탕의 수)$=78\div6$
$=13$(개)

2 (직사각형의 네 변의 길이의 합)
$=18+8+18+8$
$=52$ (cm)
(정사각형의 한 변의 길이)$=52\div4$
$=13$ (cm)

3 (간격의 수)=(도로의 길이)÷(가로수 사이의 간격)
$=91\div7$
$=13$(군데)
(필요한 가로수의 수)$=13+1$
$=14$(그루)

4 □$\div6=14\cdots5$에서
$6\times14=84$ ⇨ $84+5=$□, □$=89$

5 전략 가이드
어떤 수를 □라 하여 □의 값을 구한 다음 바르게 계산한 몫과 나머지를 구합니다.

어떤 수를 □라 하면
□$\times4=92$ ⇨ $92\div4=$□, □$=23$
바르게 계산하면 $23\div4=5\cdots3$이므로
몫은 5, 나머지는 3입니다.

6 나머지가 8이 되려면 나누는 수는 8보다 큰 수인 9가 되어야 합니다.
$26\div9=2\cdots8$　　$27\div9=3$
$62\div9=6\cdots8$　　$67\div9=7\cdots4$
$72\div9=8$　　$76\div9=8\cdots4$
⇨ 나머지가 8이 되는 나눗셈의 몫은 2, 6입니다.

7
```
     1□
 4)7★
   4
   3★
   3★
    0
```
$4\times$□$=3$★이 될 수 있는 식은
$4\times8=32$, $4\times9=36$이어야 합니다.
⇨ ★에 들어갈 수 있는 수는 2, 6입니다.

8 $220\div8=27\cdots4$
사탕을 8개씩 봉지 27개에 담으면 4개가 남습니다.
남은 4개도 봉지에 담아야 하므로 봉지는 적어도 $27+1=28$(개) 필요합니다.

9
```
     2ⓛ
 ㉠)7ⓒ
    ㉣
    ㉤7
    ㉥㉦
      2
```
• ㉢=7, 7−㉦=2, ㉦=5
• ㉠×2가 7보다 작아야 하므로 ㉠=3입니다.
• ㉠×2=㉣, 3×2=㉣, ㉣=6
• 7−㉣=㉤, 7−6=㉤, ㉤=1
• ㉤7−㉥㉦=2에서 17−㉥5=2, ㉥=1
• ㉠×㉡=㉥㉦에서 3×㉡=15, ㉡=5

10 $93\div7=13\cdots2$
구슬을 13개씩 나누어 주면 2개가 남습니다.
남는 것이 없도록 7명에게 똑같이 나누어 주려면 구슬은 적어도 $7-2=5$(개) 더 있어야 합니다.

11 검은색 바둑돌 2개와 흰색 바둑돌 4개가 반복되는 규칙입니다.
$170\div6=28\cdots2$이므로 168번째까지 6개의 바둑돌이 28번 반복되고 검은색 바둑돌 2개가 더 놓입니다.
⇨ 검은색 바둑돌은 168번째까지 2개씩 28번 놓이므로 $2\times28=56$(개)이고, 169번째와 170번째에 2개 더 놓이므로 170번째까지 검은색 바둑돌은 모두 $56+2=58$(개)입니다.

12 긴 의자에 앉을 수 있는 사람은 모두
$9\times40=360$(명)입니다.
400명이 앉아야 하는데 360명이 앉을 수 있으므로
$400-360=40$(명)이 앉을 수 있는 긴 의자가 더 필요합니다.
⇨ $40\div9=4\cdots4$에서 9명씩 긴 의자 4개에 앉으면 4명이 남으므로 긴 의자는 적어도 $4+1=5$(개) 더 있어야 합니다.

3단원 기출 유형 (정답률 75%이상)

27 ~ 33쪽

유형 ① 6	1 ㉠
유형 ② 18	
2 26	3 12
유형 ③ 18	
4 14	5 16
유형 ④ 3	
6 5	7 5
유형 ⑤ 16	
8 14	9 36
유형 ⑥ 60	10 48
유형 ⑦ 5	
11 3	12 8
유형 ⑧ 96	
13 144	14 32
유형 ⑨ 10	
15 30	16 3
유형 ⑩ 7	17 14
유형 ⑪ 24	
18 19	19 46
유형 ⑫ 10	20 7
유형 ⑬ 36	21 56
유형 ⑭ 3	22 6

유형 ① 원을 그릴 때에는 컴퍼스를 원의 반지름만큼 벌려서 그립니다.
⇨ (원의 반지름)=(원의 지름)÷2
=12÷2
=6 (cm)

1 원을 그릴 때에는 컴퍼스를 원의 반지름만큼 벌립니다.
(원의 반지름)=8÷2
=4 (cm)
컴퍼스를 4 cm만큼 벌린 것을 찾으면 ㉠입니다.

유형 ② (징의 반지름)=(징의 지름)÷2
=36÷2
=18 (cm)

2 (시계의 반지름)=(시계의 지름)÷2
=52÷2
=26 (cm)

3 100원짜리 동전의 지름은 24 mm입니다.
(100원짜리 동전의 반지름)
=(100원짜리 동전의 지름)÷2
=24÷2
=12 (mm)

유형 ③ 원의 반지름: 9 cm
(원의 지름)=(원의 반지름)×2
=9×2
=18 (cm)

참고
(원의 지름)=(원의 반지름)×2

4 원의 반지름: 7 cm
(원의 지름)=(원의 반지름)×2
=7×2
=14 (cm)

5 가 원의 반지름: 6 cm, 나 원의 반지름: 8 cm
6 cm<8 cm이므로 나 원이 더 큰 원입니다.
⇨ (나 원의 지름)=8×2=16 (cm)

유형 ④ 컴퍼스의 침을 모두 3군데에 꽂아야 합니다.

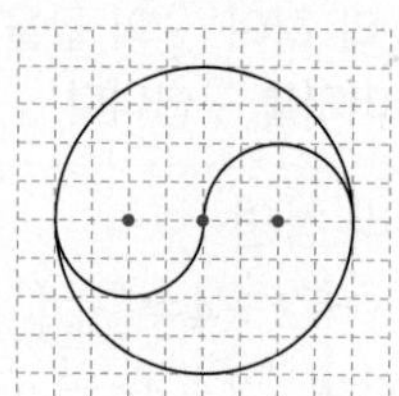

6 컴퍼스의 침을 모두 5군데에 꽂아야 합니다.

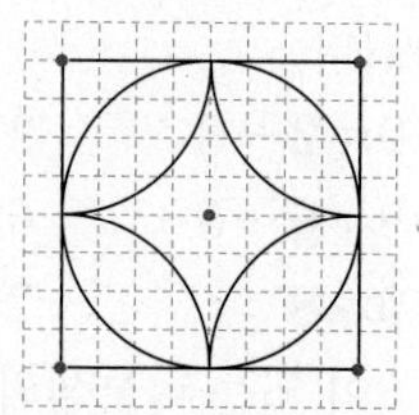

7 컴퍼스의 침을 모두 5군데에 꽂아야 합니다.

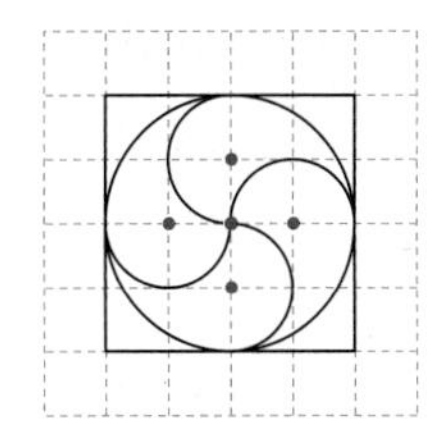

유형 5 (정사각형의 한 변의 길이)=(원의 지름)
=(원의 반지름)×2
=8×2
=16 (cm)

8 (정사각형의 한 변의 길이)=(원의 지름)
=(원의 반지름)×2
=7×2
=14 (cm)

9 (정사각형과 맞닿는 원의 반지름)=9×2
=18 (cm)
⇨ (정사각형의 한 변의 길이)
=(정사각형과 맞닿은 원의 지름)
=18×2
=36 (cm)

유형 6 큰 원의 지름은 작은 원의 반지름의 4배와 같습니다.
⇨ (큰 원의 지름)=15×4
=60 (cm)

10 푸는 순서

❶ 작은 원의 지름 구하기
❷ 큰 원의 지름 구하기
❸ 세 원의 지름의 합 구하기

❶ (작은 원의 지름)=6×2
=12 (cm)
❷ 큰 원의 지름은 작은 원의 반지름의 4배이므로
(큰 원의 지름)=6×4
=24 (cm)
❸ (세 원의 지름의 합)=24+12+12
=48 (cm)

유형 7

⇨ 5개

11

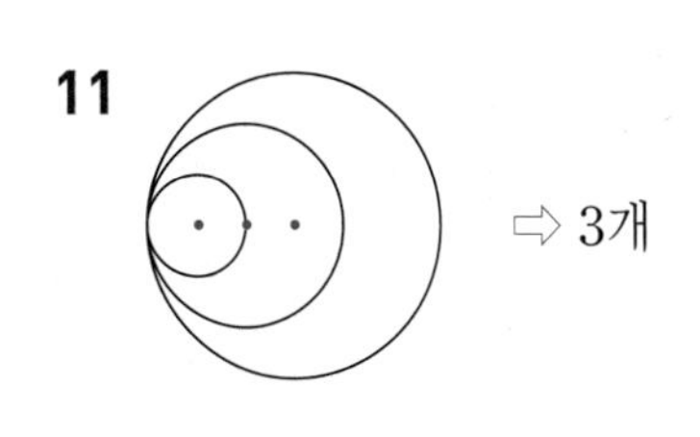

⇨ 3개

12

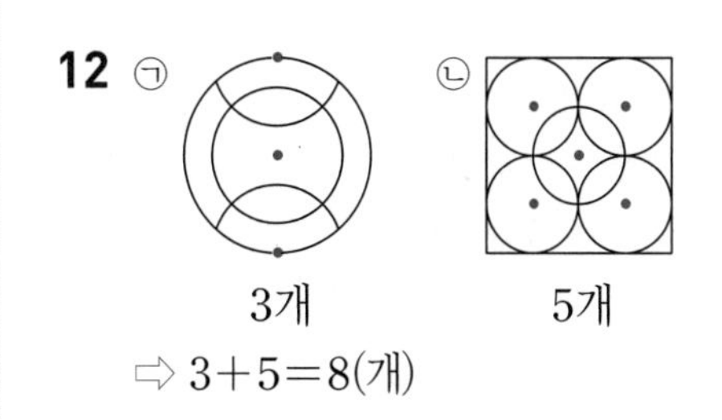

⇨ 3+5=8(개)

유형 8 (원의 지름)=12×2=24 (cm)이므로 정사각형의 한 변의 길이는 24 cm입니다.
⇨ (정사각형의 네 변의 길이의 합)
=24+24+24+24
=96 (cm)

13 전략 가이드

원의 지름이 정사각형의 한 변의 길이와 같음을 이용하여 정사각형의 네 변의 길이의 합을 구합니다.

(원의 지름)=18×2=36 (cm)이므로 정사각형의 한 변의 길이는 36 cm입니다.
⇨ (정사각형의 네 변의 길이의 합)
=36+36+36+36
=144 (cm)

14 (큰 원의 반지름)=20÷2
=10 (cm)
(작은 원의 반지름)=10−6
=4 (cm)
(작은 정사각형의 한 변의 길이)=4×2
=8 (cm)
(작은 정사각형의 네 변의 길이의 합)
=8+8+8+8
=32 (cm)

유형 9 가 (원의 지름)$=15\times2$
$=30$ (cm)
나 (원의 지름)$=10\times2$
$=20$ (cm)
⇨ (두 원의 지름의 차)$=30-20$
$=10$ (cm)

주의
두 원의 반지름의 차를 구하지 않도록 주의합니다.

15 가 (원의 지름)$=9\times2$
$=18$ (cm)
나 (원의 지름)$=6\times2$
$=12$ (cm)
⇨ (두 원의 지름의 합)$=18+12$
$=30$ (cm)

16 ㉠ (원의 지름)$=3\times2=6$ (cm)
㉢ (원의 지름)$=4\times2=8$ (cm)
⇨ 8 cm>6 cm>5 cm이므로 가장 큰 원과 가장 작은 원의 지름의 차는 $8-5=3$ (cm)입니다.

유형 10 선분 ㄱㄴ의 길이는 원의 반지름의 5배입니다.
⇨ (원의 반지름)$=35\div5$
$=7$ (cm)

17 선분 ㄱㄴ의 길이는 원의 반지름의 9배입니다.
⇨ (원의 반지름)$=126\div9$
$=14$ (cm)

유형 11 (왼쪽 원의 반지름)$=8$ cm
(가운데 원의 지름)$=5\times2$
$=10$ (cm)
(오른쪽 원의 반지름)$=12\div2$
$=6$ (cm)
⇨ (선분 ㄱㄷ)$=8+10+6$
$=24$ (cm)

18 (왼쪽 원의 반지름)$=6$ cm
(가운데 원의 지름)$=4\times2$
$=8$ (cm)
(오른쪽 원의 반지름)$=10\div2$
$=5$ (cm)
⇨ (선분 ㄱㄷ)$=6+8+5$
$=19$ (cm)

19 (왼쪽 원의 지름)$=6\times2$
$=12$ (cm)
(가운데 원의 지름)$=8\times2$
$=16$ (cm)
(오른쪽 원의 지름)$=9\times2$
$=18$ (cm)
⇨ (선분 ㄹㅁ)$=12+16+18$
$=46$ (cm)

유형 12 선분 ㄱㄴ과 선분 ㄷㄴ은 큰 원의 반지름이므로 (선분 ㄱㄴ)=(선분 ㄷㄴ)=15 cm입니다.
사각형 ㄱㄴㄷㄹ의 네 변의 길이의 합이 50 cm이므로
(선분 ㄷㄹ)+(선분 ㄱㄹ)$=50-15-15$
$=20$ (cm)
선분 ㄷㄹ과 선분 ㄱㄹ은 작은 원의 반지름이므로 길이가 같습니다.
⇨ (작은 원의 반지름)$=20\div2$
$=10$ (cm)

20 전략 가이드
사각형 ㄱㄴㄷㄹ의 네 변의 길이의 합을 이용하여 (선분 ㄱㄴ)+(선분 ㄷㄴ)을 구한 다음 작은 원의 반지름을 구합니다.

(선분 ㄱㄹ)=(선분 ㄷㄹ)=17 cm
(선분 ㄱㄴ)+(선분 ㄷㄴ)$=48-17-17$
$=14$ (cm)
선분 ㄱㄴ과 선분 ㄷㄴ은 작은 원의 반지름이므로 길이가 같습니다.
⇨ (작은 원의 반지름)$=14\div2$
$=7$ (cm)

유형 13 (선분 ㄱㄴ)=(선분 ㄱㄷ)$=4+7$
$=11$ (cm)
(선분 ㄴㄷ)$=7+7=14$ (cm)
⇨ (삼각형 ㄱㄴㄷ의 세 변의 길이의 합)
$=11+14+11$
$=36$ (cm)

다른 풀이
삼각형 ㄱㄴㄷ의 세 변의 길이의 합은 세 원의 지름의 합과 같습니다.
원의 지름이 각각 $4\times2=8$ (cm), $7\times2=14$ (cm), $7\times2=14$ (cm)이므로
(삼각형 ㄱㄴㄷ의 세 변의 길이의 합)
$=8+14+14=36$ (cm)

21 (선분 ㄱㄴ)$=5+9$
$=14$ (cm)
(선분 ㄴㄷ)$=9+9$
$=18$ (cm)
(선분 ㄷㄹ)$=9+5$
$=14$ (cm)
(선분 ㄱㄹ)$=5+5$
$=10$ (cm)
⇨ (사각형 ㄱㄴㄷㄹ의 네 변의 길이의 합)
$=14+18+14+10$
$=56$ (cm)

참고
사각형의 네 변의 길이는 각 원의 반지름을 이용하여 구합니다.

유형 14 원의 지름: 12 cm
(원 4개의 지름의 합)$=12\times4$
$=48$ (cm)
(겹쳐진 3군데의 길이의 합)$=48-39$
$=9$ (cm)
⇨ ㉠$\times3=9$, ㉠$=3$

참고
원 ■개를 겹쳐진 부분이 같도록 한줄로 겹쳐 놓으면 겹쳐진 부분은 (■-1)군데입니다.

22 푸는 순서
❶ 원 5개의 지름의 합 구하기
❷ ㉠의 값 구하기
❸ ㉡의 값 구하기
❹ ㉠×㉡의 값 구하기

❶ 원의 지름: $5\times2=10$ (cm)
(원 5개의 지름의 합)$=10\times5$
$=50$ (cm)
❷ (겹쳐진 4군데의 길이의 합)$=50-42$
$=8$ (cm)
→ ㉠$\times4=8$, ㉠$=2$
❸ $5-$㉠$=$㉡, $5-2=$㉡, ㉡$=3$
❹ ㉠$\times$㉡$=2\times3=6$

3단원 기출 유형 (정답률 55% 이상)

34 ~ 35쪽

유형 15	9	**23**	6
유형 16	6	**24**	5
유형 17	4	**25**	4
유형 18	4	**26**	6

유형 15 (선분 ㄱㅇ)$=24\div2=12$ (cm)
(선분 ㄱㄴ)$=12\div2=6$ (cm)
(선분 ㄴㄷ)$=6\div2=3$ (cm)
⇨ (선분 ㄱㄷ)=(선분 ㄱㄴ)+(선분 ㄴㄷ)
$=6+3$
$=9$ (cm)

23 전략 가이드
선분 ㄱㄷ의 길이는 선분 ㄱㄴ의 길이와 선분 ㄴㄷ의 길이의 합으로 구합니다.

(선분 ㄱㅇ)$=16\div2=8$ (cm)
(선분 ㄱㄴ)$=8\div2=4$ (cm)
(선분 ㄴㄷ)$=4\div2=2$ (cm)
⇨ (선분 ㄱㄷ)=(선분 ㄱㄴ)+(선분 ㄴㄷ)
$=4+2$
$=6$ (cm)

유형 16 (선분 ㄱㄴ)+(선분 ㄱㄷ)+(선분 ㄴㄷ)$=28$ cm
선분 ㄱㄷ의 길이를 □cm라 하면
$10+□+(10+□-4)=28$
$10+□+6+□=28$
$16+□+□=28$
$□+□=12$
$□=6$
⇨ 작은 원의 반지름은 6 cm입니다.

참고
(선분 ㄴㄷ)
=(큰 원의 반지름)+(작은 원의 반지름)
−(겹쳐진 부분의 길이)

24 (선분 ㄱㄴ)+(선분 ㄱㄷ)+(선분 ㄴㄷ)=25 cm
선분 ㄱㄷ의 길이를 □cm라 하면
9+□+(9+□−3)=25
9+□+6+□=25
15+□+□=25
□+□=10
□=5
⇨ 작은 원의 반지름은 5 cm입니다.

유형 ⑰ 변 ㄱㄴ의 길이를 □cm라 하면
12+□+12+□=40
□+□+24=40
□+□=16
□=8
(선분 ㅁㄴ)=(변 ㄱㄴ)=8 cm이므로
(선분 ㅁㄷ)=12−8
=4 (cm)
(선분 ㅂㄷ)=(선분 ㅁㄷ)=4 cm이므로
(선분 ㄹㅂ)=8−4
=4 (cm)

25 푸는 순서
❶ 변 ㄹㄷ의 길이 구하기
❷ 선분 ㄴㅂ의 길이 구하기
❸ 선분 ㄱㅁ의 길이 구하기

❶ 변 ㄹㄷ의 길이를 □cm라 하면
20+□+20+□=64
□+□=24
□=12
❷ (선분 ㅂㄷ)=(변 ㄹㄷ)=12 cm이므로
(선분 ㄴㅂ)=20−12=8 (cm)입니다.
❸ (선분 ㅁㄴ)=(선분 ㅂㄴ)=8 cm이므로
(선분 ㄱㅁ)=12−8=4 (cm)입니다.

유형 ⑱ • (가장 큰 원의 지름)=10×2=20 (cm)
가장 작은 원의 지름 5개의 합이 가장 큰 원의 지름인 20 cm와 같습니다.
→ (가장 작은 원의 지름)=20÷5=4 (cm)
• (두 번째로 큰 원 2개의 지름의 합)
=20−4=16 (cm)
(두 번째로 큰 원의 지름)=16÷2
=8 (cm)
⇨ 8−4=4 (cm)

26 • (가장 큰 원의 지름)=15×2=30 (cm)
가장 작은 원의 지름 5개의 합이 가장 큰 원의 지름인 30 cm와 같습니다.
→ (가장 작은 원의 지름)=30÷5=6 (cm)
• (두 번째로 큰 원 2개의 지름의 합)
=30−6=24 (cm)
(두 번째로 큰 원의 지름)=24÷2
=12 (cm)
⇨ 12−6=6 (cm)

3단원 종합

36 ~ 38쪽

1 5	**2** 6
3 22	**4** 16
5 12	**6** 80
7 16	**8** 42
9 20	**10** 6
11 12	**12** 28

1 컴퍼스의 침을 모두 5군데에 꽂아야 합니다.

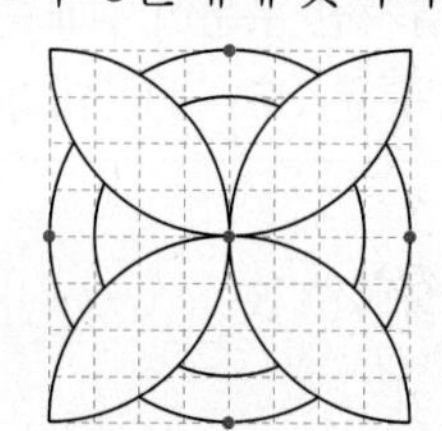

2 (선분 ㄱㄹ)=12 cm
(선분 ㄴㄹ)=(선분 ㄱㄴ)
=12÷2
=6 (cm)

3 가 (원의 지름)=8×2
=16 (cm)
나 (원의 지름)=3×2
=6 (cm)
⇨ (두 원의 지름의 합)=16+6
=22 (cm)

4 큰 원의 지름은 작은 원의 반지름의 4배입니다.
(작은 원 한 개의 반지름)=(큰 원의 지름)÷4
=64÷4
=16 (cm)

다른 풀이
(작은 원 한 개의 지름)=64÷2
=32 (cm)
⇨ (작은 원 한 개의 반지름)=32÷2
=16 (cm)

5 (선분 ㄱㄴ)=(원의 반지름)×6
⇨ (원의 반지름)=72÷6
=12 (cm)

6 (원의 지름)=5×2
=10 (cm)
(직사각형의 가로)=10×3
=30 (cm)
(직사각형의 세로)=(원의 지름)
=10 cm
⇨ (직사각형의 네 변의 길이의 합)
=30+10+30+10
=80 (cm)

7 (선분 ㄱㄹ)=(선분 ㄷㄹ)=9 cm
(선분 ㄱㄴ)+(선분 ㄴㄷ)=50−9−9
=32 (cm)
선분 ㄱㄴ과 선분 ㄴㄷ은 큰 원의 반지름이므로 길이가 같습니다.
⇨ (큰 원의 반지름)=32÷2
=16 (cm)

8 (선분 ㄱㄴ)=(선분 ㄱㄷ)=5+8=13 (cm)
(선분 ㄴㄷ)=8+8=16 (cm)
⇨ (삼각형 ㄱㄴㄷ의 세 변의 길이의 합)
=13+16+13
=42 (cm)

9 (선분 ㄱㅇ)=32÷2=16 (cm)
(선분 ㅇㅁ)=16÷2=8 (cm)
(선분 ㅇㄹ)=8÷2=4 (cm)
⇨ (선분 ㄱㄹ)=(선분 ㄱㅇ)+(선분 ㅇㄹ)
=16+4
=20 (cm)

10 (선분 ㄱㄴ)+(선분 ㄱㄷ)+(선분 ㄴㄷ)=31 cm
선분 ㄱㄷ의 길이를 □cm라 하면
12+□+(12+□−5)=31
12+□+7+□=31
19+□+□=31
□+□=12
□=6
→ 작은 원의 반지름은 6 cm입니다.
⇨ 12−6=6 (cm)

11 • (가장 큰 원의 지름)=21×2=42 (cm)
가장 작은 원의 지름 7개의 합이 가장 큰 원의 지름인 42 cm와 같습니다.
→ (가장 작은 원의 지름)=42÷7
=6 (cm)
• (두 번째로 큰 원 2개의 지름의 합)
=42−6=36 (cm)
(두 번째로 큰 원의 지름)=36÷2
=18 (cm)
⇨ 18−6=12 (cm)

12 **푸는 순서**
❶ 원을 그린 규칙 찾기
❷ 10번째 원의 반지름 구하기
❸ 10번째 원의 지름 구하기

❶ 반지름이 1 cm, 2 cm가 되풀이되며 늘어나는 규칙입니다.
❷ (10번째 원의 반지름)
=1+1+2+1+2+1+2+1+2+1
=14 (cm)
❸ (10번째 원의 지름)=14×2=28 (cm)

4단원 기출 유형 정답률 75% 이상

39 ~ 43쪽

유형 ① 2
1 3 **2** 3
유형 ② 68
3 43 **4** 31
유형 ③ 50
5 75 **6** 36
유형 ④ ⑤
7 ③ **8** ③
유형 ⑤ 4
9 2 **10** 7
유형 ⑥ 6
11 13 **12** 16
유형 ⑦ 12
13 $\frac{11}{8}$ **14** $\frac{23}{9}$, $2\frac{5}{9}$
유형 ⑧ 21
15 72 **16** 56
유형 ⑨ 2
17 5 **18** 4
유형 ⑩ ③
19 ② **20** $\frac{9}{10}$

유형 ① 분자가 분모와 같거나 분모보다 큰 분수를 가분수라고 합니다.
진분수: $\frac{3}{5}$, $\frac{9}{11}$ 가분수: $\frac{8}{7}$, $\frac{6}{6}$ 대분수: $1\frac{1}{2}$
⇨ 가분수는 모두 2개입니다.

1 분자가 분모와 같거나 분모보다 큰 분수는 $\frac{11}{5}$, $\frac{7}{7}$, $\frac{4}{3}$로 모두 3개입니다.

2 가분수가 아닌 분수는 $1\frac{1}{3}$, $\frac{3}{4}$, $\frac{5}{9}$로 모두 3개입니다.

유형 ② $4\frac{8}{15}$에서 $4=\frac{60}{15}$이고 $\frac{60}{15}=\left(\frac{1}{15}\text{이 60개}\right)$, $\frac{8}{15}=\left(\frac{1}{15}\text{이 8개}\right)$
⇨ $4\frac{8}{15}=\left(\frac{1}{15}\text{이 68개}\right)=\frac{68}{15}$이므로 ㉠$=68$입니다.

3 $3\frac{7}{12}$에서 $3=\frac{36}{12}$이고 $\frac{36}{12}=\left(\frac{1}{12}\text{이 36개}\right)$, $\frac{7}{12}=\left(\frac{1}{12}\text{이 7개}\right)$
⇨ $3\frac{7}{12}=\left(\frac{1}{12}\text{이 43개}\right)=\frac{43}{12}$이므로 ㉠$=43$입니다.

4 전략 가이드
대분수를 가분수로 나타내어 ㉠, ㉡, ㉢에 알맞은 수를 구한 다음 크기를 비교합니다.

• $2\frac{4}{13}=\frac{30}{13}$ → ㉠$=30$
• $3\frac{5}{8}=\frac{29}{8}$ → ㉡$=29$
• $2\frac{9}{11}=\frac{31}{11}$ → ㉢$=31$
⇨ $31>30>29$이므로 가장 큰 수는 31입니다.

유형 ③ 색칠한 부분은 도형을 똑같이 8로 나눈 것 중의 5이므로 전체의 $\frac{5}{8}$입니다.
80의 $\frac{1}{8}$은 $80\div8=10$이므로
80의 $\frac{5}{8}$는 $10\times5=50$입니다.

5 색칠한 부분은 도형을 똑같이 9로 나눈 것 중의 5이므로 전체의 $\frac{5}{9}$입니다.
135의 $\frac{1}{9}$은 $135\div9=15$이므로
135의 $\frac{5}{9}$는 $15\times5=75$입니다.

6 푸는 순서

❶ 색칠하지 않은 부분의 크기는 전체의 몇 분의 몇인지 알아보기
❷ 96의 $\frac{1}{16}$ 구하기
❸ 96의 $\frac{6}{16}$ 구하기

❶ 색칠하지 않은 부분은 도형을 똑같이 16으로 나눈 것 중의 6이므로 전체의 $\frac{6}{16}$입니다.

❷ 96의 $\frac{1}{16}$은 $96 \div 16 = 6$입니다.

❸ 96의 $\frac{6}{16}$은 $6 \times 6 = 36$입니다.

유형④ 20의 $\frac{1}{5}$만큼은 4이므로 20의 $\frac{4}{5}$만큼은 $4 \times 4 = 16$입니다.

참고
■의 $\frac{●}{▲}$만큼 알아보기
⇨ ■를 똑같이 ▲묶음으로 나눈 것 중의 ●

7 16의 $\frac{1}{8}$만큼은 2이므로 16의 $\frac{5}{8}$만큼은 $2 \times 5 = 10$입니다.

8 18 m의 $\frac{2}{6}$만큼 사용하고 남은 부분은 18 m의 $\frac{4}{6}$입니다.
18 m의 $\frac{1}{6}$만큼은 3 m이므로 18 m의 $\frac{4}{6}$만큼은 $3 \times 4 = 12$ (m)입니다.
⇨ 남은 길이는 12 m입니다.

유형⑤ 대분수는 자연수와 진분수로 이루어진 분수이므로 분모는 분자보다 커야 합니다.
⇨ □ 안에 들어갈 수 있는 수는 5보다 커야 하므로 6, 7, 8, 9로 모두 4개입니다.

9 대분수는 자연수와 진분수로 이루어진 분수이므로 분모는 분자보다 커야 합니다.
⇨ □ 안에 들어갈 수 있는 수는 7보다 커야 하므로 8, 9로 모두 2개입니다.

10 분모는 분자보다 커야 하므로 □ 안에 들어갈 수 있는 수는 13보다 커야 합니다.
⇨ □ 안에 들어갈 수 있는 수는 14, 15, 16, 17, 18, 19, 20으로 모두 7개입니다.

유형⑥ 가분수: 분자가 분모와 같거나 분모보다 큰 분수
→ □=6, 7, 8……
⇨ □ 안에 들어갈 수 있는 자연수 중에서 가장 작은 수는 6입니다.

11 가분수: 분자가 분모와 같거나 분모보다 큰 분수
→ □=13, 14, 15……
⇨ □ 안에 들어갈 수 있는 자연수 중에서 가장 작은 수는 13입니다.

12 진분수는 분자가 분모보다 작아야 합니다.
→ □=16, 15, 14……
⇨ □ 안에 들어갈 수 있는 자연수 중에서 가장 큰 수는 16입니다.

유형⑦ 작은 눈금 한 칸의 크기는 $\frac{1}{7}$을 나타내고 ↓가 나타내는 분수는 작은 눈금이 12칸이므로 $\frac{12}{7}$입니다.
⇨ $\frac{12}{7}$의 분자는 12입니다.

13 전략 가이드

수직선에서 작은 눈금 한 칸의 크기를 구하여 ↓가 나타내는 분수를 찾습니다.

작은 눈금 한 칸의 크기는 $\frac{1}{8}$을 나타내고 ↓가 나타내는 분수는 작은 눈금이 11칸이므로 $\frac{11}{8}$입니다.

14 작은 눈금 한 칸의 크기는 $\frac{1}{9}$을 나타냅니다.
㉠이 나타내는 분수는 작은 눈금이 23칸이므로 $\frac{23}{9}$이고 대분수로 나타내면 $2\frac{5}{9}$입니다.

유형 8 ㉠을 똑같이 3묶음으로 나눈 것 중의 1묶음이 7이므로 전체 3묶음은 ㉠$=7\times3=21$입니다.

> **참고**
> ■의 $\frac{1}{\blacktriangle}$은 ● ⇨ ●×▲=■

15 ㉠을 똑같이 6묶음으로 나눈 것 중의 1묶음이 12이므로 전체 6묶음은 ㉠$=12\times6=72$입니다.

16

> **푸는 순서**
> ❶ 어떤 수의 $\frac{1}{8}$ 구하기
> ❷ 어떤 수 구하기

❶ $\frac{7}{8}$은 $\frac{1}{8}$이 7개이므로 어떤 수의 $\frac{7}{8}$이 49이면 어떤 수의 $\frac{1}{8}$은 $49\div7=7$입니다.

❷ 어떤 수의 $\frac{1}{8}$이 7이므로 어떤 수는 $7\times8=56$입니다.

유형 9 $\frac{14}{11}=1\frac{3}{11}$
⇨ $1\frac{3}{11}>1\frac{\square}{10}$에서 $3>\square$이므로 □ 안에 들어갈 수 있는 자연수는 1, 2로 모두 2개입니다.

> **참고**
> 가분수를 대분수로 고쳐서 □ 안에 들어갈 수 있는 자연수를 알아봅니다.

17 $\frac{16}{10}=1\frac{6}{10}$
⇨ $1\frac{6}{10}>1\frac{\square}{10}$에서 $6>\square$이므로 □ 안에 들어갈 수 있는 자연수는 1, 2, 3, 4, 5로 모두 5개입니다.

18 $\frac{13}{9}=1\frac{4}{9}$
⇨ $1\frac{4}{9}<1\frac{\square}{9}$에서 $4<\square<9$이므로 □ 안에 들어갈 수 있는 자연수는 5, 6, 7, 8로 모두 4개입니다.

> **주의**
> $1\frac{\square}{9}$에서 □ 안에는 9보다 작은 수가 들어가야 합니다.

유형 10 분자가 5인 분수는 ②, ③, ④, ⑤이고, 이 중 진분수는 ③입니다.

19 분자가 4인 분수는 ①, ②, ⑤이고, 이 중 진분수는 ②입니다.

20 진분수는 분자가 분모보다 작은 분수이므로 분모는 9보다 커야 합니다.
분자가 9인 진분수는 $\frac{9}{10}$, $\frac{9}{11}$, $\frac{9}{12}$, $\frac{9}{13}$……이고 이 중에서 가장 큰 수는 $\frac{9}{10}$입니다.

> **참고**
> • 분자가 같은 두 분수의 크기 비교
> ●>▲일 때 $\frac{\blacksquare}{\bullet}<\frac{\blacksquare}{\blacktriangle}$

4단원 기출 유형

44 ~ 45쪽

유형 11 28	
21 30	22 10
유형 12 2	
23 2	24 13
유형 13 15	25 15
유형 14 45	26 15

유형 11 42의 $\frac{1}{6}$은 $42\div6=7$이므로

42의 $\frac{4}{6}$는 $7\times4=28$입니다.

21 48의 $\frac{1}{8}$은 $48\div8=6$이므로

48의 $\frac{5}{8}$는 $6\times5=30$입니다.

22 푸는 순서

❶ 18의 $\frac{1}{9}$ 구하기

❷ 18의 $\frac{5}{9}$를 구하여 상자에 있는 감의 수 구하기

❶ 18의 $\frac{1}{9}$은 $18\div9=2$입니다.

❷ 18의 $\frac{5}{9}$는 $2\times5=10$이므로

상자에 있는 감의 $\frac{5}{9}$는 10개입니다.

유형 12 15를 3씩 묶으면 15는 5묶음, 6은 2묶음

⇨ 6은 15의 $\frac{2}{5}$입니다. → □=2

다른 풀이

15의 $\frac{1}{5}$은 3, 15의 $\frac{2}{5}$는 6이므로 □=2입니다.

23 21을 7씩 묶으면 21은 3묶음, 14는 2묶음

⇨ 14는 21의 $\frac{2}{3}$입니다. → □=2

24 푸는 순서

❶ ㉠의 값 구하기

❷ ㉡의 값 구하기

❸ ❶과 ❷의 합 구하기

❶ 40을 ■씩 묶으면 6묶음이 24이므로 1묶음은 $24\div6=4$입니다.

→ ㉠$=40\div4=10$

❷ 18을 ▲씩 묶으면 6묶음이므로 1묶음은 $18\div6=3$입니다.

→ ㉡$=9\div3=3$

❸ ㉠+㉡$=10+3=13$

유형 13 ①로 ②를 덮으려면 ①은 2개 필요하고, ①로 ③을 덮으려면 ①은 4개 필요합니다. 주어진 모양에는 ①이 5개, ②가 1개, ③이 2개 있으므로 ①로 주어진 모양과 똑같이 만들기 위해서는 ①은 모두 $5+2+8=15$(개) 필요합니다.

25 전략 가이드

조각 수를 가장 많게 하여 만든다면 ③을 ①로 덮어야 합니다.

조각 수가 가장 많으려면 ③을 모두 ①로 바꾸어야 합니다. ①로 ③을 덮으려면 ①은 4개 필요합니다. 주어진 모양에는 ①이 4개, ②가 3개, ③이 2개 있으므로 조각 수를 가장 많게 하여 만든다면 모두 $4+3+8=15$(개) 필요합니다.

유형 14 15의 $\frac{1}{3}$은 5, 35의 $\frac{2}{7}$는 10입니다.

→ 5<㉠<10이므로 ㉠=6, 7, 8, 9입니다.

㉠=6 → 72의 $\frac{㉡}{6}$이 40(×)

㉠=7 → 72의 $\frac{㉡}{7}$이 40(×)

㉠=8 → 72의 $\frac{㉡}{8}$이 40(×)

㉠=9 → 72의 $\frac{㉡}{9}$이 40이면 ㉡=5입니다.

⇨ ㉠=9, ㉡=5이므로

㉠×㉡$=9\times5=45$입니다.

26 푸는 순서

❶ ㉠이 될 수 있는 수 구하기

❷ 조건에 맞는 ㉠, ㉡의 값 구하기

❸ ㉠×㉡의 값 구하기

❶ 20의 $\frac{1}{5}$은 4, 12의 $\frac{2}{3}$는 8입니다.

→ 4<㉠<8이므로 ㉠=5, 6, 7입니다.

❷ ㉠=5 → 30의 $\frac{㉡}{5}$이 18이면 ㉡=3입니다.

㉠=6 → 30의 $\frac{㉡}{6}$이 18(×)

㉠=7 → 30의 $\frac{㉡}{7}$이 18(×)

❸ ㉠=5, ㉡=3이므로

㉠×㉡$=5\times3=15$입니다.

4단원 종합

46 ~ 48쪽

1 2	**2** 48
3 $\frac{11}{11}$	**4** $\frac{11}{6}$
5 ㉠	**6** 3
7 5	**8** 8
9 $2\frac{1}{2}$	**10** 16
11 2	**12** 4

1 분자가 분모와 같거나 분모보다 큰 분수는 $\frac{11}{6}$, $\frac{9}{9}$로 모두 2개입니다.

2 색칠한 부분은 도형을 똑같이 6으로 나눈 것 중의 4이므로 전체의 $\frac{4}{6}$입니다.
72의 $\frac{1}{6}$은 $72 \div 6 = 12$이므로
72의 $\frac{4}{6}$는 $12 \times 4 = 48$입니다.

3 분모가 11인 가분수는 분자가 11과 같거나 11보다 커야 하므로 가장 작은 수는 분자가 가장 작은 경우인 $\frac{11}{11}$입니다.

4 작은 눈금 한 칸의 크기는 $\frac{1}{6}$을 나타내고 ↓가 나타내는 분수는 작은 눈금이 11칸이므로 $\frac{11}{6}$입니다.

5 ㉠ □를 똑같이 8묶음으로 나눈 것 중의 1이 4이므로 □$=4 \times 8=32$입니다.
㉡ □를 똑같이 12묶음으로 나눈 것 중의 1이 3이므로 □$=3 \times 12=36$입니다.

6 전략 가이드
$\frac{30}{7}$을 대분수로 나타낸 다음 분수의 크기를 비교해 봅니다.

$\frac{30}{7}=4\frac{2}{7}$
⇨ □$\frac{4}{7}<4\frac{2}{7}$이므로 □ 안에 들어갈 수 있는 자연수는 1, 2, 3으로 모두 3개입니다.

7 진분수는 분자가 분모보다 작은 분수이므로 분모가 6인 진분수는 $\frac{1}{6}$, $\frac{2}{6}$, $\frac{3}{6}$, $\frac{4}{6}$, $\frac{5}{6}$로 모두 5개입니다.

8 20의 $\frac{1}{5}$은 $20 \div 5=4$이므로
20의 $\frac{2}{5}$는 $4 \times 2=8$입니다.
⇨ 동생에게 준 연필은 8자루입니다.

9 합이 7인 두 수: (1, 6), (2, 5), (3, 4)
이 중 차가 3인 두 수는 (2, 5)입니다.
⇨ 가분수를 만들면 $\frac{5}{2}$이고 대분수로 나타내면 $2\frac{1}{2}$입니다.

10 ①로 ②를 덮으려면 ①은 2개 필요하고,
①로 ③을 덮으려면 ①은 4개 필요합니다.
주어진 모양에는 ①이 4개, ②가 2개, ③이 2개 있으므로 ①로 주어진 모양과 똑같이 만들기 위해서는 ①은 모두 $4+4+8=16$(개) 필요합니다.

11 푸는 순서
❶ ㉠이 될 수 있는 수 구하기
❷ 조건에 맞는 ㉡의 값 구하기

❶ 12의 $\frac{3}{4}$은 9, 32의 $\frac{3}{8}$은 12입니다.
→ 9<㉠<12이므로 ㉠=10, 11입니다.
❷ ㉠=10 → 33의 $\frac{㉡}{10}$이 6(×)
㉠=11 → 33의 $\frac{㉡}{11}$이 6이면 ㉡=2입니다.

12 10보다 크고 25의 $\frac{□}{5}$보다 작은 자연수가 모두 9개
→ 11부터 (25의 $\frac{□}{5}-1$)까지의 자연수가 9개 (→ 19)
25의 $\frac{□}{5}$는 20이 되어야 합니다.
⇨ 25의 $\frac{1}{5}$이 $25 \div 5=5$이므로
$5 \times □=20$, □$=4$입니다.

실전 모의고사 1회

49 ~ 54쪽

1 2	**2** 72
3 4	**4** 1
5 ③	**6** ⑤
7 12	**8** 30
9 5	**10** 34
11 792	**12** 120
13 13	**14** 4
15 722	**16** 560
17 8	**18** 32
19 2	**20** 10
21 95	**22** 43
23 15	**24** 5
25 320	

1 8의 $\frac{1}{4}$은 8을 4묶음으로 똑같이 나눈 것 중의 1묶음이므로 2입니다.

2

$$\begin{array}{r} {}^{1} \\ 6 \\ \times\ 1\ 2 \\ \hline 7\ 2 \end{array}$$

3 컴퍼스의 침과 연필심 사이의 길이는 원의 반지름입니다. ⇨ 4 cm

4 $\frac{7}{3}=\left(\frac{1}{3}\text{이 7개}\right)$이므로

$\left(\frac{1}{3}\text{이 6개}\right)=\frac{6}{3}=2$, $\left(\frac{1}{3}\text{이 1개}\right)=\frac{1}{3}$

⇨ $\frac{7}{3}=2\frac{1}{3}$

5

①②③④
$57\times60=3\ 4\ 2\ 0$

⇨ ③ 자리에 2를 씁니다.

6 나머지는 나누는 수보다 작아야 합니다.

⇨ 어떤 수를 9로 나누면 나머지는 9보다 작아야 합니다.

7

$$\begin{array}{r} 1\ 3 \leftarrow \text{몫} \\ 6\,\overline{)\,7\ 9} \\ 6 \\ \hline 1\ 9 \\ 1\ 8 \\ \hline 1 \leftarrow \text{나머지} \end{array}$$

⇨ $13-1=12$

8 (과녁의 지름)$=60$ cm

(과녁의 반지름)$=$(과녁의 지름)$\div2$

$=60\div2$

$=30$ (cm)

9 주어진 모양과 똑같이 그리기 위하여 컴퍼스의 침을 꽂아야 할 곳이 5군데입니다.

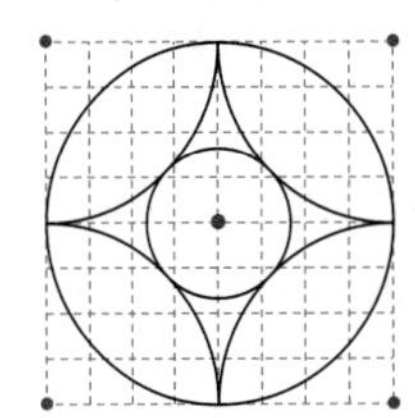

10 (필요한 접시의 수)$=68\div2$

$=34$(개)

11 $132\times3=396$, $396\times2=792$

12 푸는 순서

❶ ㉠의 값 구하기
❷ ㉡의 값 구하기
❸ ❶과 ❷의 곱 구하기

❶ 20을 5씩 묶으면 20은 4묶음, 15는 3묶음

→ 15는 20의 $\frac{3}{4}$이므로 ㉠$=3$입니다.

❷ 64의 $\frac{1}{8}$은 $64\div8=8$

→ 64의 $\frac{5}{8}$는 $8\times5=40$이므로 ㉡$=40$입니다.

❸ ㉠$\times$㉡$=3\times40=120$

13 큰 원의 지름은 작은 원의 반지름의 4배입니다.

(작은 원의 반지름)$=$(큰 원의 지름)$\div4$

$=52\div4$

$=13$ (cm)

14 $4\frac{2}{9}=\frac{38}{9}$

$\frac{38}{9}<\frac{\square}{9}<\frac{43}{9}$이므로 $38<\square<43$입니다.

⇨ □ 안에 들어갈 수 있는 자연수는 39, 40, 41, 42로 모두 4개입니다.

15 ㉠×2=38 ⇨ 38÷2=㉠
㉠=19
38×㉠=㉡ ⇨ 38×19=㉡
㉡=722

16 (전체 오이의 수)=154×4=616(개)
⇨ (남은 오이의 수)
=(전체 오이의 수)−(판 오이의 수)
=616−56
=560(개)

17 푸는 순서

❶ 동생에게 준 사탕의 수 구하기
❷ 친구에게 준 사탕의 수 구하기
❸ 남은 사탕의 수 구하기

❶ 18의 $\frac{1}{3}$은 18÷3=6
→ (동생에게 준 사탕의 수)=6개

❷ 18의 $\frac{1}{9}$은 18÷9=2이므로 18의 $\frac{2}{9}$는 2×2=4입니다.
→ (친구에게 준 사탕의 수)=4개

❸ (남은 사탕의 수)=18−6−4=8(개)

18 전략 가이드

선분 ㄴㄷ의 길이는 두 원의 반지름의 합에서 겹쳐진 부분의 길이를 뺀 것입니다.

(선분 ㄴㄷ)=8+9−2=15 (cm)
⇨ (삼각형 ㄱㄴㄷ의 세 변의 길이의 합)
=8+9+15
=32 (cm)

19 나눗셈에서 알 수 있는 수를 먼저 알아보면 오른쪽과 같습니다.

```
    1□
4 ) 7㉠
    4
    3㉠
    3㉠
     0
```

4×□=3㉠이 될 수 있는 식은 4×8=32, 4×9=36입니다.
⇨ ㉠에 들어갈 수 있는 수는 2, 6으로 모두 2개입니다.

20 (긴 의자 49개에 앉을 수 있는 사람 수)
=8×49=392(명)
470−392=78(명)이 앉을 수 있는 긴 의자가 더 필요합니다.
78÷8=9…6에서 8명씩 긴 의자 9개에 앉으면 6명이 앉을 긴 의자가 1개 더 필요하므로 긴 의자는 적어도 9+1=10(개) 더 필요합니다.

21 가장 큰 두 자리 수가 99이므로 99÷7=14…1에서 나머지가 4가 아니므로 99보다 작은 두 자리 수를 찾아야 합니다.
99보다 작은 수 중에서 7로 나누었을 때 나머지가 4인 가장 큰 수는 몫이 13일 때이므로
7×13=91 ⇨ 91+4=95입니다.

주의
가장 큰 두 자리 수라고 하여 99라고 답하지 않도록 주의합니다.

22 40×40=1600, 50×50=2500이므로 어떤 수는 40부터 50까지의 수입니다.
연속된 두 수의 곱의 일의 자리 숫자가 2인 경우는
41×42=1722 43×44=1892
46×47=2162 48×49=2352
⇨ 43×44=1892이므로 어떤 수는 43입니다.

23 직사각형의 세로는 원의 반지름과 같습니다.
원의 반지름을 □cm라 하면
□+□−9+□+□−9=42
□+□+□+□=60
□=15
⇨ 직사각형의 세로는 15 cm입니다.

참고
원 ■개를 겹치면 겹쳐진 부분은 (■−1)군데입니다.

24 7로 나누어떨어지는 수는 ……42, 49, 56, 63, 70, 77, 84, 91……입니다.
7로 나누었을 때 나머지가 6인 수는 7로 나누어떨어지는 수보다 6 큰 수인……48, 55, 62, 69, 76, 83, 90, 97……입니다. 이 중에서 50보다 크고 90보다 작은 수는 55, 62, 69, 76, 83이므로 모두 5개입니다.

꼭짓점에 있는 원은 중복되므로 꼭짓점 4개에 있는 원의 수를 뺍니다.

25 사각형의 한 변에 있는 원의 수를 □개라 하면
$\square \times 4 - 4 = 32$, $\square = 9$이므로 원을 32개 사용하여 만든 사각형의 한 변에 있는 원의 수는 9개이고 사각형의 한 변은 원 8개의 지름의 합에서 겹쳐진 부분의 길이를 뺀 것과 같습니다.
(원의 지름)$=6\times2=12$ (cm)
(원 8개의 지름의 합)$=12\times8=96$ (cm)
(겹쳐진 부분의 길이의 합)$=2\times8=16$ (cm)
(원 32개를 사용하여 만든 사각형의 한 변의 길이)
=(원 8개의 지름의 합)−(겹쳐진 부분의 길이의 합)
$=96-16=80$ (cm)
⇨ (사각형의 네 변의 길이의 합)
$=80\times4=320$ (cm)

실전 모의고사 2회

55 ~ 60쪽

1	628	**2**	21
3	10	**4**	22
5	4	**6**	38
7	555	**8**	972
9	12	**10**	21
11	17	**12**	12
13	25	**14**	18
15	30	**16**	18
17	774	**18**	11
19	2	**20**	540
21	42	**22**	22
23	85	**24**	3
25	80		

1
$$\begin{array}{r} 3\,1\,4 \\ \times \quad\ 2 \\ \hline 6\,2\,8 \end{array}$$

2 $84\div4=21$

3 $8\div4=2$ ⇨ $80\div4=20$ (8의 10배는 80, 2의 10배는 20)

4 $4\frac{2}{5}$ → $4=\frac{20}{5}$, $\frac{2}{5}$ ⇨ $\frac{22}{5}$
→ $\square=22$

5 원의 중심과 원 위의 한 점을 이은 선분을 원의 반지름이라고 합니다. ⇨ 4개

6 $\square\div7=5\cdots3$
$7\times5=35$ ⇨ $35+3=38$이므로 $\square=38$입니다.

7 $37>26>15$이므로 가장 큰 수는 37, 가장 작은 수는 15입니다.
⇨ $37\times15=555$

8 $324\times3=972$ (m)

9 (한 명이 가질 수 있는 사과의 수)$=36\div3$
$=12$(개)

10 두 원은 반지름이 7 cm인 크기가 같은 원입니다.
⇨ (선분 ㄱㄹ)
=(선분 ㄱㄴ)+(선분 ㄴㄷ)+(선분 ㄷㄹ)
$=7+7+7=21$ (cm)

다른 풀이
선분 ㄱㄹ의 길이는 원의 반지름의 3배와 같습니다.
⇨ (선분 ㄱㄹ)$=7\times3=21$ (cm)

11 • $48 \div 3 = 16$ → ㉠$=16$
• $86 \div 5 = 17 \cdots 1$ → ㉡$=1$
⇨ ㉠+㉡$=16+1=17$

12 (선분 ㄱㄹ)$=16$ cm이고
(선분 ㄱㄴ)$=16 \div 2 = 8$ (cm),
(선분 ㄴㄷ)$=8 \div 2 = 4$ (cm)입니다.
⇨ (선분 ㄱㄷ)=(선분 ㄱㄴ)+(선분 ㄴㄷ)
$=8+4=12$ (cm)

13 $8 \times 32 = 256$, $6 \times 47 = 282$
⇨ $256 <$ □ < 282인 세 자리 수는 257부터 281까지 모두 $281-257+1=25$(개)입니다.

14 선분 ㅇㄱ과 선분 ㅇㄴ은 원의 반지름으로 같습니다.
(선분 ㅇㄱ)+(선분 ㅇㄴ)$=53-17$
$=36$ (cm)
⇨ (선분 ㅇㄱ)=(선분 ㅇㄴ)$=36 \div 2$
$=18$ (cm)

15 $\frac{3}{4}$은 $\frac{1}{4}$이 3개 → 어떤 수의 $\frac{1}{4}$은 $27 \div 3 = 9$
→ (어떤 수)$=9 \times 4 = 36$
⇨ 36의 $\frac{1}{6}$은 $36 \div 6 = 6$ → 36의 $\frac{5}{6}$는 $6 \times 5 = 30$

16 가장 큰 두 자리 수: 74
두 번째로 큰 두 자리 수: 72
⇨ $72 \div 4 = 18$

17 ㉮◉㉯ ⇨ ㉮+㉯=㉰, ㉮×㉰=㉱
18◉25 ⇨ $18+25=43$,
$18 \times 43 = \underset{㉠}{\underline{774}}$

18
```
  3 ㉠ 8
×     ㉡
---------
㉢ 2 9 6
```
• 8×㉡의 일의 자리 숫자가 6인 경우는 ㉡=2 또는 ㉡=7입니다.
㉡=2일 때 3㉠8×2는 ㉢296이 될 수 없으므로 ㉡=7입니다.
• $8 \times 7 = 56$이므로 ㉠×7에서 일의 자리 숫자가 $9-5=4$이고 ㉠=2입니다.
• $328 \times 7 = 2296$이므로 ㉢=2입니다.
⇨ ㉠+㉡+㉢$=2+7+2=11$

19 전략 가이드
□ 안에 0부터 9까지의 수를 차례로 넣어 4로 나누어 봅니다.

□ 안에 0부터 9까지의 수를 차례로 넣어보면
$90 \div 4 = 22 \cdots 2$　　$91 \div 4 = 22 \cdots 3$
$92 \div 4 = 23$　　$93 \div 4 = 23 \cdots 1$
$94 \div 4 = 23 \cdots 2$　　$95 \div 4 = 23 \cdots 3$
$96 \div 4 = 24$　　$97 \div 4 = 24 \cdots 1$
$98 \div 4 = 24 \cdots 2$　　$99 \div 4 = 24 \cdots 3$
⇨ □ 안에 들어갈 수 있는 수는 2, 6으로 모두 2개입니다.

20 푸는 순서
❶ 산 연필의 수 구하기
❷ 연필 한 자루의 가격의 차 구하기
❸ 연필 3타의 가격의 차 구하기

❶ (산 연필의 수)$=12 \times 3 = 36$(자루)
❷ 연필 한 자루의 가격은 할인점이 문구점보다 $80-65=15$(원) 쌉니다.
❸ 연필 3타를 $15 \times 36 = 540$(원) 더 싸게 산 것입니다.

다른 풀이
(산 연필의 수)$=12 \times 3 = 36$(자루)
(문구점에서 연필의 가격)$=80 \times 36 = 2880$(원)
(할인점에서 연필의 가격)$=65 \times 36 = 2340$(원)
⇨ 할인점에서 $2880-2340=540$(원) 더 싸게 산 것입니다.

21 (선분 ㄱㄴ)+(선분 ㄴㄷ)$=68-13-13$
$=42$ (cm)이므로
(선분 ㄱㄴ)=(선분 ㄴㄷ)$=42 \div 2 = 21$ (cm)입니다.
⇨ (큰 원의 지름)$=21 \times 2$
$=42$ (cm)

22 $\left(\frac{1}{4}, \frac{2}{4}, \frac{3}{4}\right), \left(1\frac{1}{4}, 1\frac{2}{4}, 1\frac{3}{4}\right), \left(2\frac{1}{4}, 2\frac{2}{4}, 2\frac{3}{4}\right)\cdots\cdots$

3개　　　3개　　　3개

3개씩 놓아서 50번째에 놓일 분수를 찾습니다.

$50\div3=16\cdots2$ → 48번째 분수는 $15\frac{3}{4}$,

49번째 분수는 $16\frac{1}{4}$, 50번째 분수는 $16\frac{2}{4}$입니다.

⇨ ㉠$=16$, ㉡$=4$, ㉢$=2$이므로
㉠+㉡+㉢$=16+4+2=22$입니다.

23 50보다 크고 90보다 작은 수 중에서 5로 나누어떨어지는 수는 55, 60, 65, 70, 75, 80, 85입니다.

$55\div9=6\cdots1$　　$60\div9=6\cdots6$

$65\div9=7\cdots2$　　$70\div9=7\cdots7$

$75\div9=8\cdots3$　　$80\div9=8\cdots8$

$85\div9=9\cdots4$

⇨ 9로 나누었을 때 나머지가 4인 수는 85입니다.

24 푸는 순서

❶ 가장 큰 원의 지름 구하기
❷ 가장 작은 원의 지름 구하기
❸ 두 번째로 큰 원의 반지름 구하기

❶ 가장 큰 원의 지름은 정사각형의 한 변의 길이와 같으므로 $56\div4=14$ (cm)입니다.

❷ (가장 작은 원의 지름)$=2\times2$
$=4$ (cm)

❸ (두 번째로 큰 원의 지름)$=14-4-4$
$=6$ (cm)

⇨ (두 번째로 큰 원의 반지름)$=6\div2$
$=3$ (cm)

25

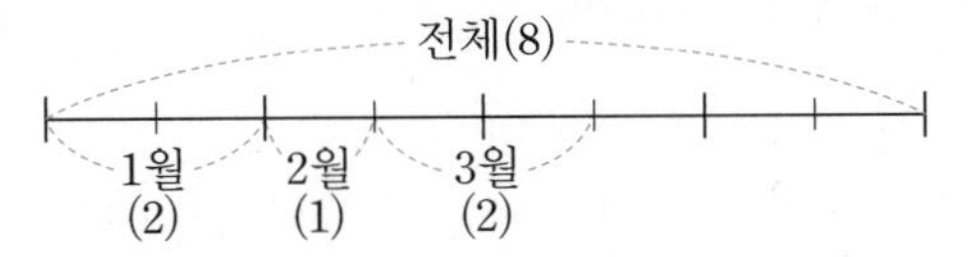

전체를 8이라고 하면 1월에는 2를,

2월에는 $(8-2)$의 $\frac{1}{6}$이므로 1을,

3월에는 $(8-2-1)$의 $\frac{2}{5}$이므로 2를 팔아서 판 물건의 수가 $2+1+2=5$가 됩니다.

따라서 물건 전체의 5에 해당하는 것이 50개이므로 물건 전체의 1 → $50\div5=10$(개)입니다.

⇨ 물건 전체가 8에 해당하므로 창고에 처음에 쌓여 있던 물건은 $10\times8=80$(개)입니다.

실전 모의고사 3회

61 ~ 66쪽

1	⑤	**2**	8
3	986	**4**	43
5	12	**6**	②
7	17	**8**	392
9	4	**10**	5
11	874	**12**	5
13	78	**14**	13
15	744	**16**	22
17	10	**18**	69
19	2	**20**	30
21	12	**22**	4
23	48	**24**	35
25	870		

1 자연수 부분이 없고 분자가 분모보다 작은 분수를 찾습니다.

2 원의 지름이 16 cm이므로 반지름은 $16\div2=8$ (cm)입니다.

3

$$\begin{array}{r} 5\,8 \\ \times\,1\,7 \\ \hline 4\,0\,6 \\ 5\,8\,0 \\ \hline 9\,8\,6 \end{array}$$

4

$$\begin{array}{r} 4\,3 \\ 2\,\overline{)\,8\,6} \\ 8 \\ \hline 6 \\ 6 \\ \hline 0 \end{array}$$

5 컴퍼스를 원의 반지름만큼 벌려야 하므로 $24\div2=12$ (cm)만큼 벌려야 합니다.

참고
(원의 반지름)$=$(원의 지름)$\div2$

6 나머지는 나누는 수보다 작아야 합니다.
② □÷3에서 나누는 수가 3이므로 나머지는 3이 될 수 없습니다.

7 $4\times\square=68$ ⇨ $\square=68\div4=17$

8 (코스모스의 전체 꽃잎의 수)
$=8\times49$
$=392$(장)

9 $\frac{11}{8}=1\frac{3}{8}$
⇨ $1\frac{3}{8}<1\frac{\square}{8}$에서 $3<\square<8$이므로 □ 안에 들어갈 수 있는 자연수는 4, 5, 6, 7로 모두 4개입니다.

10 주어진 모양과 똑같이 그리기 위하여 컴퍼스의 침을 꽂아야 할 곳은 5군데입니다.

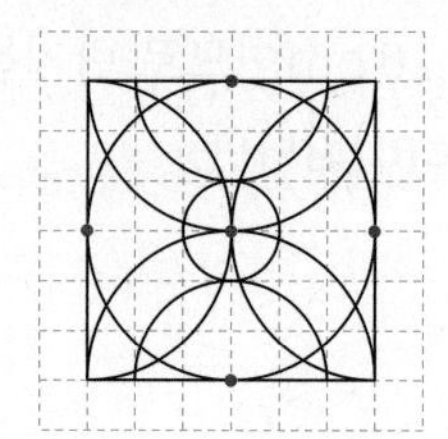

11 ㉮ $184-165=19$
㉯ $92\div2=46$ (2)92 → 8, 12, 12, 0)
⇨ ㉮×㉯$=19\times46$
$=874$

12 $20\times90=1800$
$37\times\boxed{4}0=1480 \rightarrow 1480<1800\,(\times)$
$37\times\boxed{5}0=1850 \rightarrow 1850>1800\,(◯)$
$37\times\boxed{6}0=2220 \rightarrow 2220>1800\,(◯)$
⋮
⇨ □ 안에 들어갈 수 있는 가장 작은 수는 5입니다.

13 • ■$\div9=6\cdots4$에서
$9\times6=54$ ⇨ $54+4=$■, ■$=58$
• ▲$\div8=17$, $8\times17=$▲, ▲$=136$
⇨ ▲$-$■$=136-58=78$

14 (5모둠에 나누어 준 빵의 수)$=69-4$
$=65$(개)
(한 모둠에 나누어 준 빵의 수)$=65\div5$
$=13$(개)

15 1시간 30분=90분=15분×6
(1시간 30분 동안 만들 수 있는 과자의 수)
$=124\times6$
$=744$(개)

16 전략 가이드
선분 ㄴㄷ의 길이는 두 원의 반지름의 합에서 겹쳐진 부분의 길이를 뺍니다.

(선분 ㄴㄷ)$=6+6-2=10$ (cm)
(삼각형 ㄱㄴㄷ의 세 변의 길이의 합)
$=6+6+10$
$=22$ (cm)

17 $2=\frac{20}{10}$보다 작은 가분수는 $\frac{10}{10}$, $\frac{11}{10}$……, $\frac{18}{10}$, $\frac{19}{10}$입니다.
⇨ $19-10+1=10$(개)

18 푸는 순서
❶ 어떤 수 구하기
❷ 바르게 계산했을 때의 몫과 나머지 구하기
❸ ❷에서 구한 몫과 나머지의 곱 구하기

❶ 어떤 수를 □라 하면 $\square\div7=13\cdots4$에서
$7\times13=91$ ⇨ $91+4=\square$, $\square=95$
❷ 바르게 계산하면 $95\div4=23\cdots3$이므로 몫은 23, 나머지는 3입니다.
❸ $23\times3=69$

19 나눗셈에서 알 수 있는 수를 먼저 알아보면 다음과 같습니다.

```
      1□
  5 ) 8㉠
      5
      3㉠
      3㉠
       0
```

$5\times\square=3$㉠이 될 수 있는 식은 $5\times6=30$, $5\times7=35$입니다.

⇨ ㉠에 들어갈 수 있는 수는 0, 5로 모두 2개입니다.

20 원 ㉮의 지름을 □cm라 하면 원 ㉯의 지름은 $(\square\times3)$ cm, 원 ㉰의 지름은 $(\square\times4)$ cm이고, 가장 큰 원의 지름은 $(\square\times8)$ cm입니다.

$\square\times8=80$, $\square=10$

⇨ 원 ㉮의 지름이 10 cm이므로 원 ㉯의 지름은 $10\times3=30$ (cm)입니다.

21 (첫 번째로 튀어 오른 공의 높이)$=\left(27\text{ m의 }\frac{2}{3}\right)$

27 m의 $\frac{1}{3}$은 $27\div3=9$ (m)

→ 27 m의 $\frac{2}{3}$는 $9\times2=18$ (m)

(두 번째로 튀어 오른 공의 높이)$=\left(18\text{ m의 }\frac{2}{3}\right)$

18 m의 $\frac{1}{3}$은 $18\div3=6$ (m)

→ 18 m의 $\frac{2}{3}$는 $6\times2=12$ (m)

22 만들 수 있는 나눗셈은 다음과 같습니다.

$35\div7=5$ $\quad 37\div5=7\cdots2$

$53\div7=7\cdots4$ $\quad 57\div3=19$

$73\div5=14\cdots3$ $\quad 75\div3=25$

⇨ 나머지가 가장 큰 나눗셈의 나머지는 4입니다.

23 그림에서 가장 작은 정사각형의 한 변의 길이는 $48\div4=12$ (cm)입니다.

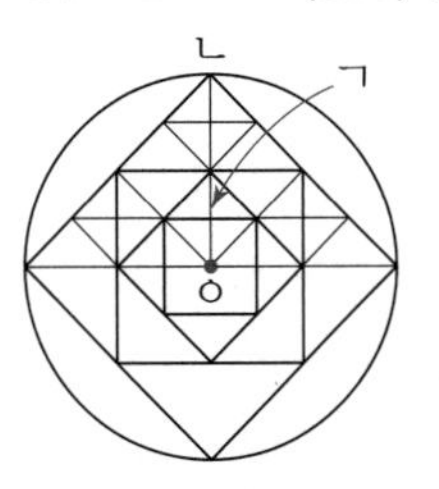

(선분 ㄱㅇ)$=12\div2=6$ (cm)

원의 반지름인 선분 ㅇㄴ은 선분 ㄱㅇ의 4배이므로 (원의 반지름)$=6\times4=24$ (cm)입니다.

⇨ (원의 지름)$=24\times2=48$ (cm)

24 전략 가이드

가장 짧은 고무줄의 길이를 □cm라 하여 고무줄의 전체 길이를 이용하여 □의 값을 먼저 구합니다.

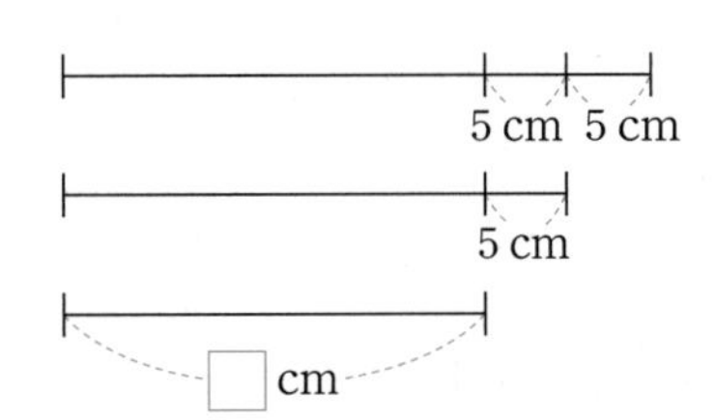

가장 짧은 고무줄의 길이를 □cm라 하면

$\square+\square+5+\square+5+5=90$

$\square+\square+\square+15=90$

$\square+\square+\square=75$

$\square=25$

⇨ (가장 긴 고무줄의 길이)$=25+5+5$
$=35$ (cm)

25 (사탕 6개와 초콜릿 7개의 무게)
=(사탕 9개와 초콜릿 2개의 무게)이므로
(사탕 3개의 무게)=(초콜릿 5개의 무게)입니다.
$180=90+90$이므로 사탕 3개의 무게는 90 g이고 초콜릿 5개의 무게도 90 g입니다.

(사탕 1개의 무게)$=90\div3=30$ (g)

(초콜릿 1개의 무게)$=90\div5=18$ (g)

⇨ (사탕 20개의 무게)$=30\times20=600$ (g),
(초콜릿 15개의 무게)$=18\times15=270$ (g)이므로
(사탕 20개의 무게)+(초콜릿 15개의 무게)
$=600+270=870$ (g)

실전 모의고사 4회

67 ~ 72쪽

1 15	**2** 4
3 624	**4** 20
5 12	**6** 8
7 16	**8** 750
9 987	**10** 3
11 14	**12** 860
13 24	**14** 42
15 17	**16** 18
17 3	**18** 96
19 216	**20** 38
21 129	**22** 60
23 12	**24** 176
25 211	

1 $50\times30=1500$
$5\times3=15$

2 12의 $\frac{1}{3}$은 $12\div3=4$입니다.

3
$$\begin{array}{r} {}^{2\,2}\\ 156\\ \times\quad 4\\ \hline 624 \end{array}$$

4 (소고의 지름)=(소고의 반지름)×2
=10×2
=20 (cm)

5 가분수: 분자가 분모와 같거나 분모보다 큰 분수
→ □=12, 13, 14……
⇨ □ 안에 들어갈 수 있는 자연수 중에서 가장 작은 수는 12입니다.

6 $1\frac{1}{5}$, $1\frac{2}{5}$, $1\frac{3}{5}$, $1\frac{4}{5}$, $2\frac{1}{5}$, $2\frac{2}{5}$, $2\frac{3}{5}$, $2\frac{4}{5}$
⇨ 8개

7 $96\div3=32$, $32\div2=16$

8 (도화지 3장의 가격)=250×3
=750(원)

9 ㉮ 10이 2개, 1이 1개인 수 → 21
㉯ 10이 4개, 1이 7개인 수 → 47
⇨ ㉮×㉯=21×47=987

10 $14\div6=2\cdots2$ $\quad$ $32\div6=5\cdots2$
$72\div6=12$ $\quad$ $19\div6=3\cdots1$
$96\div6=16$ $\quad$ $84\div6=14$
⇨ 6으로 나누어떨어지는 수는 72, 96, 84로 모두 3개입니다.

11 (선물할 수 있는 사람 수)=56÷4
=14(명)

12 (초콜릿 1개의 가격)=460×4
=1840(원)
⇨ (과자 1개의 가격)=1840−980
=860(원)

13 (큰 원의 반지름)=6×2=12 (cm)
⇨ (정사각형의 한 변의 길이)=(큰 원의 지름)
=12×2
=24 (cm)

14 삼각형 ㄱㄴㄷ의 세 변은 모두 원의 반지름이므로 길이가 같습니다.
→ (원의 반지름)=63÷3
=21 (cm)
⇨ (원의 지름)=21×2
=42 (cm)

15 • 6×7=42이므로 ㉡=2이고 4는 올림합니다.
• ㉠×7에 일의 자리 계산에서 올림한 수 4를 더하여 32이므로 ㉠×7=28, ㉠=4입니다.
• 46×20=920이므로 ㉢=9입니다.
• 3+9=12이므로 ㉣=2입니다.
⇨ ㉠+㉡+㉢+㉣=4+2+9+2=17

16 • $\frac{2}{3}$는 $\frac{1}{3}$이 2개이므로 □의 $\frac{1}{3}$은 $16\div2=8$입니다.
→ □$=8\times3=24$
• 24의 $\frac{1}{4}$은 $24\div4=6$
→ 24의 $\frac{3}{4}$은 $6\times3=★$, $★=18$

17 (연필 5타)$=12\times5=60$(자루)
(전체 연필의 수)$=60+9=69$(자루)
⇨ $69\div4=17\cdots1$이므로 연필을 남는 것이 없도록 똑같이 나누어 주려면 연필은 적어도 $4-1=3$(자루) 더 필요합니다.

참고
남는 것이 없이 똑같이 나누어 주려면 적어도 더 필요한 물건의 수는 (나누는 수)−(나머지)로 구합니다.

18 푸는 순서
❶ 직사각형의 가로 구하기
❷ 직사각형의 세로 구하기
❸ 직사각형의 네 변의 길이의 합 구하기

❶ (직사각형의 가로)=(원의 반지름)$\times6$
$=6\times6=36$ (cm)
❷ (직사각형의 세로)=(원의 반지름)$\times2$
$=6\times2=12$ (cm)
❸ (직사각형의 네 변의 길이의 합)
$=36+12+36+12$
$=96$ (cm)

19 가로에 놓을 수 있는 타일의 수:
$54\div3=18$(장)
세로에 놓을 수 있는 타일의 수:
$36\div3=12$(장)
⇨ 타일을 $18\times12=216$(장)까지 놓을 수 있습니다.

20 원의 반지름이 3 cm씩 늘어나면 원의 지름은 6 cm씩 늘어납니다.
⇨ (여섯 번째 원의 지름)$=8+6+6+6+6+6$
$=38$ (cm)

21 $60\times60=3600$, $70\times70=4900$이고 두 수의 곱이 4160이므로 두 쪽수는 60부터 70까지의 수입니다.
연속된 두 수의 곱의 일의 자리 숫자가 0인 경우는
$60\times61=3660$　　$64\times65=4160$
$65\times66=4290$　　$69\times70=4830$
⇨ 펼친 면의 두 쪽수는 64, 65이므로 합은 $64+65=129$입니다.

22 1시간 36분=96분
9도막으로 자르려면 8번 잘라야 하고 6도막으로 자르려면 5번 잘라야 합니다.
(한 번 자르는 데 걸리는 시간)$=96\div8$
$=12$(분)
⇨ (6도막으로 자르는 데 걸리는 시간)
$=12\times5=60$(분)

23 자연수가 4, 5, 6, 9인 대분수를 차례로 쓰면
$4\frac{5}{6}$, $4\frac{5}{9}$, $4\frac{6}{9}$, $5\frac{4}{6}$, $5\frac{4}{9}$, $5\frac{6}{9}$, $6\frac{4}{5}$, $6\frac{4}{9}$, $6\frac{5}{9}$, $9\frac{4}{5}$, $9\frac{4}{6}$, $9\frac{5}{6}$
⇨ 12개

24 (큰 원의 지름)=(작은 원의 반지름)$\times11$
$=4\times11$
$=44$ (cm)
정사각형 ㄱㄴㄷㄹ의 한 변의 길이는 큰 원의 지름과 같습니다.
⇨ (정사각형 ㄱㄴㄷㄹ의 네 변의 길이의 합)
$=44\times4$
$=176$ (cm)

25 • 진혁이네 학교 학생 수가 가장 적을 경우는 35명씩 25대의 버스에 타고 마지막 26번째 버스에는 1명만 타는 경우입니다.
→ 진혁이네 학교 학생 수가 가장 적을 경우의 학생 수는 $35\times25=875$ ⇨ $875+1=876$이므로 876명입니다.
• 성진이네 학교 학생 수가 가장 많을 경우는 35명씩 19대의 버스에 타는 경우입니다.
→ 성진이네 학교 학생 수가 가장 많을 경우의 학생 수는 $35\times19=665$(명)입니다.
⇨ $876-665=211$(명)

최종 모의고사 1회

73 ~ 78쪽

1 20	**2** 2
3 630	**4** 4
5 ⑤	**6** 6
7 31	**8** 10
9 56	**10** 7
11 4	**12** 750
13 2	**14** 105
15 6	**16** 45
17 9	**18** 46
19 126	**20** 1
21 ⑤	**22** 7
23 58	**24** 36
25 329	

1 $8 \div 4 = 2$이므로 $80 \div 4 = 20$입니다.

2 가분수: $\frac{14}{9}$, $\frac{7}{7}$ ⇨ 2개

참고
가분수: $\frac{3}{3}$, $\frac{4}{3}$와 같이 분자가 분모와 같거나 분모보다 큰 분수

3
$$\begin{array}{r} 35 \\ \times\ 18 \\ \hline 280 \\ 350 \\ \hline 630 \end{array}$$

4 선분 ㄱㅇ과 선분 ㄷㅇ은 원의 반지름입니다.
⇨ (원의 지름)$=2 \times 2=4$ (cm)

5 나머지는 나누는 수인 4보다 작아야 합니다.
⇨ 나머지가 될 수 없는 수는 ⑤ 4입니다.

6 36의 $\frac{1}{6}$은 36을 똑같이 6묶음으로 나눈 것 중의 1묶음이므로 6입니다.

7 $\square \div 8=3 \cdots 7$
⇨ $8 \times 3=24$, $24+7=31$이므로 $\square=31$입니다.

8 $97 \div 9=10 \cdots 7$
⇨ 별 모양을 10개까지 만들 수 있고, 철사가 7 cm 남습니다.

9 (원의 지름)$=7 \times 2=14$ (cm)
⇨ 정사각형의 한 변의 길이는 원의 지름과 같으므로
(정사각형의 네 변의 길이의 합)
$=14 \times 4=56$ (cm)

10 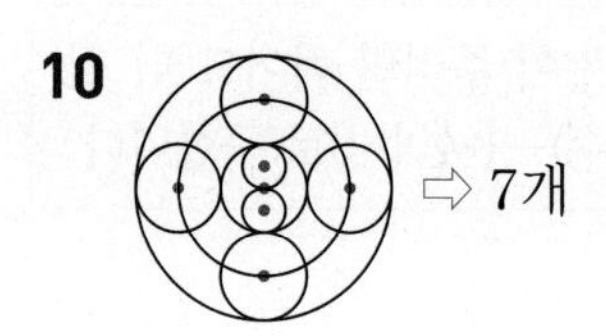 ⇨ 7개

11 $1\frac{2}{5}=\frac{7}{5}$
$\frac{7}{5}<\frac{\square}{5}<\frac{12}{5}$에서 $\square$ 안에 들어갈 수 있는 자연수는 8, 9, 10, 11로 모두 4개입니다.

12 (판에 놓여 있는 달걀 수)$=30 \times 10=300$(개)
(봉지에 들어 있는 달걀 수)$=15 \times 30=450$(개)
⇨ $300+450=750$(개)

13 $72 \div 4=18$, $84 \div 4=21$
⇨ $18<\square<21$이므로 $\square$ 안에 들어갈 수 있는 자연수는 19, 20으로 모두 2개입니다.

14 (1분 동안 접을 수 있는 종이학 수)
$=28 \div 4=7$(개)
⇨ (15분 동안 접을 수 있는 종이학 수)
$=7 \times 15=105$(개)

15 (가장 큰 원의 반지름)$=48 \div 2=24$ (cm)
(중간 크기 원의 반지름)$=24 \div 2=12$ (cm)
⇨ (가장 작은 원의 반지름)$=12 \div 2=6$ (cm)

16 가분수의 분모를 □라 하면 $\frac{37}{□}$이고

$37 \div □ = 4 \cdots 5$이므로

$□ \times 4 = 37 - 5$, $□ \times 4 = 32$, $□ = 8$입니다.

⇨ 어떤 가분수는 $\frac{37}{8}$이므로

분모와 분자의 합은 $8 + 37 = 45$입니다.

17 원의 지름은 6 cm이고, $30 \div 6 = 5$이므로 원 5개를 겹치지 않게 옆으로 나란히 그릴 수 있고 그 위에 원 4개를 겹치게 그릴 수 있습니다.

⇨ $5 + 4 = 9$(개)

18 어떤 수를 □라 하면

$□ \div 8 = 8 \cdots 7$,

$8 \times 8 = 64$, $64 + 7 = 71$이므로 $□ = 71$입니다.

바르게 계산하면 $71 \div 3 = 23 \cdots 2$입니다.

⇨ $23 \times 2 = 46$

19 전체의 $\frac{11}{14}$이 99쪽이므로 전체의 $\frac{1}{14}$은

$99 \div 11 = 9$(쪽)입니다.

⇨ (동화책의 전체 쪽수)$= 9 \times 14 = 126$(쪽)

> **참고**
> 전체의 $\frac{1}{■}$이 ▲이면 전체는 ▲ × ■입니다.

20 • $3 \times 7 = 21$이므로 ㉠ $\times 7 = 42$에서 ㉠ $= 6$입니다.

• $63 \times$ ㉡ $= 315$에서 $3 \times$ ㉡의 일의 자리 숫자가 5이므로 ㉡ $= 5$입니다.

⇨ ㉠ $-$ ㉡ $= 6 - 5 = 1$

21 열차가 1분에 897 m씩 달리고 열차가 터널을 완전히 통과하는 데 6분이 걸렸으므로

(열차가 움직인 거리)$= 897 \times 6 = 5382$ (m)

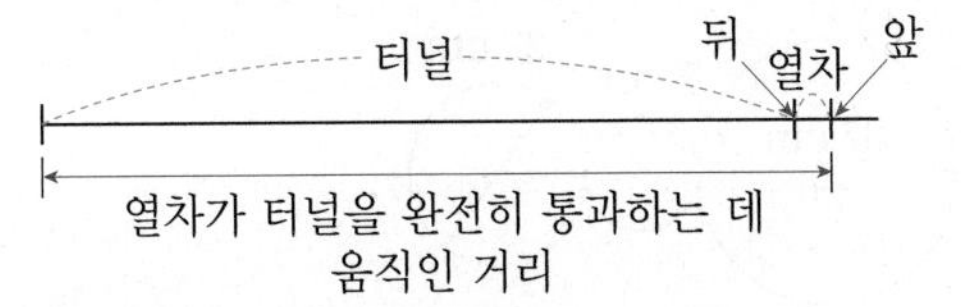

(터널의 길이)+(열차의 길이)$= 5382$,

(터널의 길이)$+ 250 = 5382$,

(터널의 길이)$= 5382 - 250 = 5132$ (m)

22 3, $3 \times 3 = 9$, $9 \times 3 = 27$, $27 \times 3 = 81$,

$81 \times 3 = 243$, $243 \times 3 = 729$,

$729 \times 3 = 2187$……이므로 일의 자리 숫자가

3, 9, 7, 1이 되풀이됩니다.

⇨ $123 \div 4 = 30 \cdots 3$이므로 3, 9, 7, 1이 30번 되풀이되고 3이 남습니다. 123번 곱했을 때의 일의 자리 숫자는 반복되는 세 번째 숫자인 7이 됩니다.

23

> **전략 가이드**
> (몇십)×(몇십)으로 두 수의 곱을 가까이 예상하여 두 번호의 범위를 알아봅니다.

$50 \times 50 = 2500$, $60 \times 60 = 3600$이고

(두 수의 곱)$= 3306$

→ 뽑은 두 번호는 50과 60 사이의 수입니다.

연속된 두 수의 곱의 일의 자리 숫자가 6이므로 두 수의 일의 자리 숫자는 2와 3 또는 7과 8입니다.

$52 \times 53 = 2756$ (×), $57 \times 58 = 3306$ (◯)이므로

두 번호는 57번과 58번입니다.

⇨ 희원이가 뽑은 번호는 뒤의 번호이므로 58번입니다.

24 가장 작은 원의 반지름을 ㉠ cm, 중간 크기의 원의 반지름을 ㉡ cm, 가장 큰 원의 반지름을 ㉢ cm라 하면 ㉠+㉡=㉢이고

㉠+㉡+㉡+㉢+㉢+㉠$= 72$에서 ㉠, ㉡, ㉢이 각각 2개이므로

㉠+㉡+㉢=㉢+㉢$= 72 \div 2 = 36$ (cm)입니다.

→ (가장 큰 원의 반지름)$= 36 \div 2 = 18$ (cm)

⇨ (가장 큰 원의 지름)$= 18 \times 2 = 36$ (cm)

25

```
  □□㉠      □□㉠
×    ㉡   +    ㉡
-------   -------
 1316,      333
```

• ㉠×㉡$= 6$일 경우의 (㉠, ㉡):

(1, 6), (2, 3), (3, 2), (6, 1)

→ ㉠+㉡의 일의 자리 숫자가 3인 경우는 없습니다.

• ㉠×㉡=□6일 경우의 (㉠, ㉡):

(2, 8), (4, 4), (4, 9), (6, 6), (7, 8), (8, 2), (8, 7), (9, 4)

→ ㉠+㉡의 일의 자리 숫자가 3인 경우는 (4, 9), (9, 4)입니다.

⇨ 두 수의 합이 333이므로 두 수는 324와 9 또는 329와 4입니다.

$324 \times 9 = 2916$ (×), $329 \times 4 = 1316$ (◯)이므로 어떤 세 자리 수는 329입니다.

최종 모의고사 2회

79 ~ 84쪽

1 11	**2** ①
3 10	**4** 38
5 952	**6** ④
7 20	**8** 384
9 10	**10** 14
11 6	**12** 299
13 27	**14** 800
15 41	**16** 950
17 795	**18** 22
19 75	**20** 56
21 200	**22** 4
23 32	**24** 703
25 315	

1 $9\times\boxed{11}=99$ ⇨ $99\div9=\boxed{11}$

2 ① 한 원에서 원의 중심은 1개뿐입니다.

3 □ 안의 수는 일의 자리에서 십의 자리로 올림한 수이므로 실제로 10을 나타냅니다.

4 (징의 지름)=(징의 반지름)×2
$=19\times2=38$ (cm)

5
$$\begin{array}{r} {\scriptstyle 2\,4\;\;} \\ 136 \\ \times\quad 7 \\ \hline 952 \end{array}$$

6 $\frac{★}{7}$은 진분수이므로 ★은 7보다 작아야 합니다.
⇨ ★이 될 수 없는 수는 ④ 7입니다.

7 1시간=60분
60분의 $\frac{1}{3}$은 60을 똑같이 3묶음으로 나눈 것 중의 1묶음이므로 20분입니다.

8 (16상자에 들어 있는 초콜릿의 수)
$=24\times16=384$(개)

9 $60\div3=20$, $20\div2=10$ ⇨ ㉠$=10$

10 $94\div7=13\cdots3$이므로 구슬을 한 번에 7개씩 13번 꺼내면 구슬이 3개가 남습니다.
⇨ 구슬을 모두 꺼내려면 $13+1=14$(번) 꺼내야 합니다.

11 $1\frac{1}{6}=\frac{7}{6}$이므로 $\frac{□}{6}<\frac{7}{6}$, □<7입니다.
⇨ □ 안에 들어갈 수 있는 자연수는 1, 2, 3, 4, 5, 6으로 모두 6개입니다.

12 $17\times49=833$, $6\times89=534$
⇨ $833-534=299$

13 (두발자전거의 바퀴 수)$=2\times36=72$(개)
(세발자전거의 바퀴 수)$=153-72=81$(개)
⇨ (세발자전거 수)$=81\div3=27$(대)

14 세 번째로 큰 두 자리 수: 80
가장 작은 두 자리 수: 10
⇨ $80\times10=800$

15

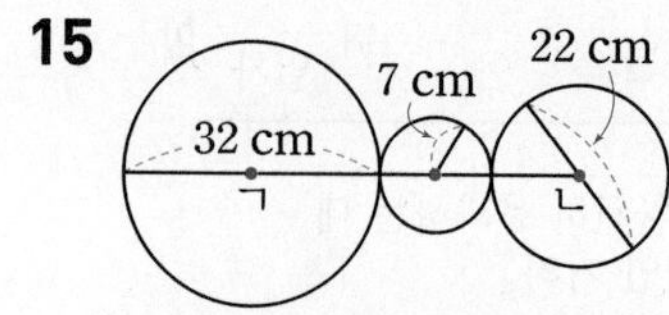

(왼쪽 원의 반지름)$=32\div2=16$ (cm)
(가운데 원의 지름)$=7\times2=14$ (cm)
(오른쪽 원의 반지름)$=22\div2=11$ (cm)
⇨ (선분 ㄱㄴ)$=16+14+11=41$ (cm)

참고
(원의 반지름)=(원의 지름)÷2

16 어떤 수를 □라 하면

$\square+25=63$

$\square=63-25$

$\square=38$

⇨ $38\times25=950$

17 색종이의 묶음 수를 □묶음이라 하면

$\square\div6=8\cdots5$

→ $6\times8=48$, $48+5=53$이므로 $\square=53$입니다.

⇨ (색종이 수)$=15\times53=795$(장)

18 원의 반지름을 □ cm라 하면

$\square+\square-7=37$

$\square+\square=44$

$\square=22$

⇨ 직사각형의 세로는 원의 반지름과 같으므로 22 cm입니다.

19 정아가 어제와 오늘 읽은 동화책은 전체의 $\frac{8}{15}$입니다.

전체의 $\frac{8}{15}$이 40쪽이므로 전체의 $\frac{1}{15}$은

$40\div8=5$(쪽)입니다.

⇨ (동화책의 전체 쪽수)$=5\times15=75$(쪽)

20 전략 가이드

> 큰 원의 반지름은 작은 원의 반지름의 2배이므로 작은 원의 반지름과 큰 원의 반지름을 각각 □ cm, (□+□) cm로 놓고 식을 세워 구합니다.

작은 원의 반지름을 □ cm라 하면

큰 원의 반지름은 (□+□) cm입니다.

(사각형 ㄱㄴㄷㄹ의 네 변의 길이의 합)

$=\square+(\square+\square)+(\square+\square)+\square$

$=\square\times6=84$,

$\square=84\div6$, $\square=14$

⇨ 큰 원의 반지름은 $14+14=28$ (cm)이므로 지름은 $28\times2=56$ (cm)입니다.

21 • ㉡×6의 일의 자리 숫자가 8이므로 ㉡=3 또는 ㉡=8입니다.

$83\times6=498$ (×), $88\times6=528$ (○)

→ ㉡=8

• ㉠×6에 5를 더하여 십의 자리 숫자가 3이므로 ㉠=5입니다.

• $588\times6=3528$이므로 ㉢=5입니다.

⇨ ㉠×㉡×㉢$=5\times8\times5=200$

22 가장 큰 원의 지름은 64 cm,

두 번째로 큰 원의 지름은 $64\div2=32$ (cm),

세 번째로 큰 원의 지름은 $32\div2=16$ (cm)입니다.

⇨ 가장 작은 원의 지름은 $16\div2=8$ (cm)이고, 반지름은 $8\div2=4$ (cm)입니다.

23 푸는 순서

> ❶ 사과의 수 구하기
> ❷ 참외의 수 구하기
> ❸ 사과와 참외는 모두 몇 개인지 구하기

❶ 사과의 수의 $\frac{1}{6}$이 4개이므로 사과는 $4\times6=24$(개)입니다.

❷ 사과는 24개이고 24의 $\frac{1}{3}$은 24를 똑같이 3묶음으로 나눈 것 중의 1묶음이므로 참외는 $24\div3=8$(개)입니다.

❸ (사과의 수)+(참외의 수)$=24+8=32$(개)

24 37명 중에서 2명이 오지 않았으므로

$37-2=35$(명)이 학교에 온 것입니다.

1개씩 더 나누어 주기 전에 남은 음료수는

$35+3=38$(개)입니다.

⇨ 처음 한 사람에게 나누어 주려고 한 음료수는 $38\div2=19$(개)이므로 준비한 음료수는 모두

(2: 학교에 오지 않은 학생 수)

$19\times37=703$(개)입니다.

25

(그림: 24명, 69명, 남학생 수, 여학생 수)

그림에서 (전체 학생 수의 $\frac{1}{7}$)$+24=69$이므로

(전체 학생 수의 $\frac{1}{7}$)$=69-24=45$입니다.

⇨ (승하네 학교의 전체 학생 수)

$=45\times7=315$(명)

최종 모의고사 3회

85 ~ 90쪽

1 3	**2** ③
3 13	**4** 3
5 ②	**6** 25
7 4	**8** 408
9 21	**10** 20
11 3	**12** 13
13 58	**14** 5
15 989	**16** 2
17 432	**18** 2
19 27	**20** 28
21 15	**22** 2
23 764	**24** 192
25 720	

1

$$\begin{array}{r} 7 \leftarrow \text{몫} \\ 6\overline{)45} \\ 42 \\ \hline 3 \leftarrow \text{나머지} \end{array}$$

2 ③ 384를 4번 더한 것은 384×4와 같습니다.

3

$$\begin{array}{r} 13 \\ 3\overline{)39} \\ 3 \\ \hline 9 \\ 9 \\ \hline 0 \end{array}$$

4 원의 중심 ㅇ과 원 위의 한 점을 이은 선분을 원의 반지름이라고 합니다.

⇨ 3개

5 분자가 5인 분수: ② $\frac{5}{7}$, ③ $\frac{5}{5}$, ④ $1\frac{5}{6}$

⇨ 이 중에서 진분수는 ② $\frac{5}{7}$입니다.

● 참고 ●
진분수: $\frac{1}{4}$, $\frac{2}{4}$, $\frac{3}{4}$과 같이 분자가 분모보다 작은 분수

6 $3=\frac{21}{7}$이므로 $3\frac{4}{7}$를 가분수로 나타내면 $\frac{25}{7}$입니다.

⇨ □$=25$

7 컴퍼스의 침을 꽂아야 할 부분에 점을 찍으면 다음과 같습니다.

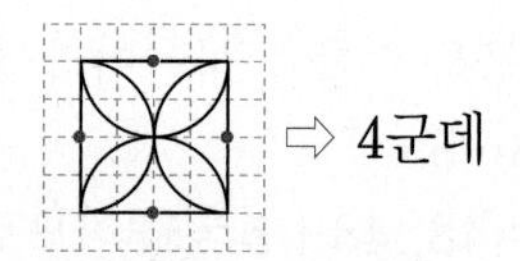

8 $24\times17=408$(개)

9

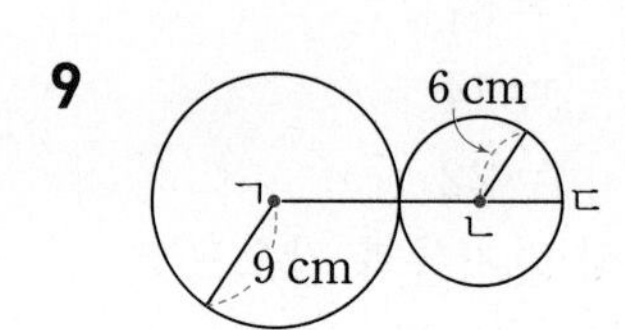

선분 ㄱㄷ의 길이는 큰 원의 반지름과 작은 원의 지름의 합과 같습니다.

⇨ (선분 ㄱㄷ)$=9+12=21$ (cm)

10 종이를 두 번 접었다가 펼친 모양은 다음과 같습니다.

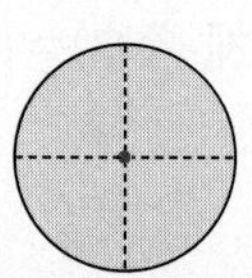

⇨ 접은 종이를 펼쳤을 때 접어서 생긴 부분은 원의 지름 2개와 같으므로 선분의 길이의 합은 모두 $10\times2=20$ (cm)입니다.

11 $4\frac{5}{8}=\frac{37}{8}$, $5\frac{1}{8}=\frac{41}{8}$

$\frac{37}{8}<\frac{\square}{8}<\frac{41}{8} \rightarrow 37<\square<41$

⇨ □ 안에 들어갈 수 있는 자연수는 38, 39, 40이므로 모두 3개입니다.

12 $88\div7=12\cdots4$

⇨ 남은 아이스크림 4개도 상자에 담아야 하므로 상자는 적어도 $12+1=13$(개) 필요합니다.

13 어떤 수를 □라 하면
□$\div 9=6\cdots 4$입니다.
⇨ $9\times 6=54$, $54+4=58$이므로
□$=58$입니다.

> ● 참고 ●
> ■$\div$●$=$▲$\cdots$★
> ⇨ ●$\times$▲에 ★을 더하면 ■가 되어야 합니다.

14 • 16을 4씩 묶으면 8은 4묶음 중 2묶음입니다.
→ 8은 16의 $\frac{2}{4}$이므로 ㉠$=2$입니다.
• 25를 5씩 묶으면 15는 5묶음 중 3묶음입니다.
→ 15는 25의 $\frac{3}{5}$이므로 ㉡$=3$입니다.
⇨ ㉠$+$㉡$=2+3=5$

15 (상자에 넣은 신발 수)$=48\times 20=960$(켤레)
⇨ (전체 신발 수)$=960+29=989$(켤레)

16

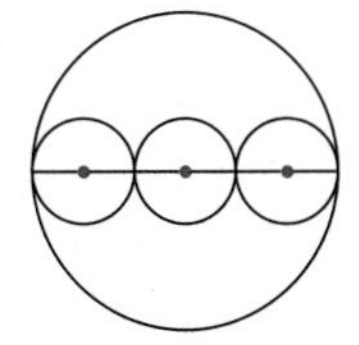

작은 원의 지름의 3배와 큰 원의 지름이 같으므로
(작은 원의 지름)$=12\div 3=4$ (cm)입니다.
⇨ (작은 원의 반지름)$=4\div 2=2$ (cm)

> ● 다른 풀이 ●
> 큰 원의 지름은 작은 원의 반지름의 6배와 같습니다.
> ⇨ (작은 원의 반지름)$=12\div 6=2$ (cm)

17 만든 두 수는 각각 8과 54입니다.
⇨ (만든 두 수의 곱)$=8\times 54=432$

18

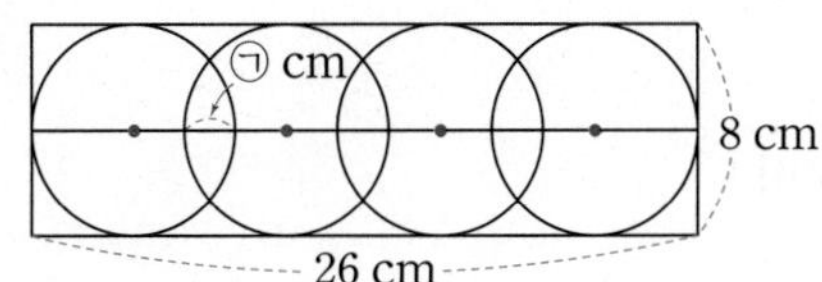

원의 지름: 8 cm
(원 4개의 지름의 합)$=8\times 4=32$ (cm)
(겹쳐진 3군데의 길이의 합)$=32-26=6$ (cm)
⇨ ㉠$\times 3=6$이므로 ㉠$=2$입니다.

19 분모가 4인 가장 큰 대분수는 $6\frac{\square}{4}$이고 □ 안에는 2와 3만 올 수 있으므로 가장 큰 대분수는 $6\frac{3}{4}$입니다.
⇨ $6\frac{3}{4}=\frac{27}{4}$이므로 분자는 27입니다.

20 원 나의 중심이 지나간 자리를 따라 원을 그리면 다음과 같습니다.

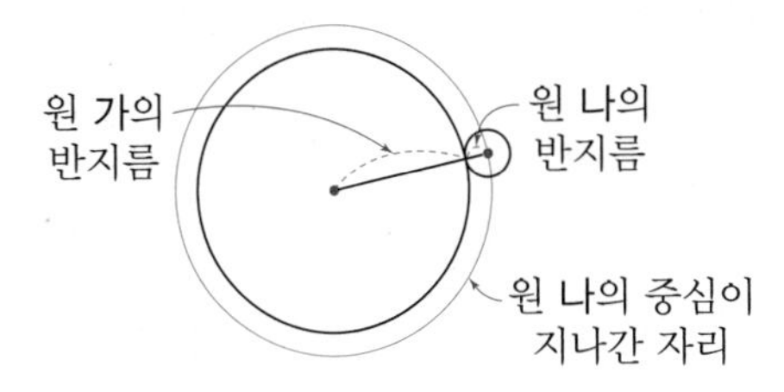

(원 나의 반지름)$=4\div 2=2$ (cm)
(그린 원의 반지름)
$=$(원 가의 반지름)$+$(원 나의 반지름)
$=12+2=14$ (cm)
⇨ (그린 원의 지름)$=14\times 2=28$ (cm)

21 $70\div 3=23\cdots 1$, $71\div 3=23\cdots 2$, $72\div 3=24$,
$73\div 3=24\cdots 1$, $74\div 3=24\cdots 2$, $75\div 3=25$,
$76\div 3=25\cdots 1$, $77\div 3=25\cdots 2$, $78\div 3=26$,
$79\div 3=26\cdots 1$
⇨ □ 안에 들어갈 수 있는 수는 2, 5, 8이므로
$2+5+8=15$입니다.

22

> 푸는 순서
> ❶ 어린이 1명의 입장료 구하기
> ❷ 어른 2명과 어린이 2명의 입장료 구하기
> ❸ 내야 하는 천 원짜리 지폐 수 구하기

❶ 600의 $\frac{1}{3}$은 200, 600의 $\frac{2}{3}$는 400이므로 어린이 1명의 입장료는 400원입니다.
❷ (어른 2명과 어린이 2명의 입장료)
$=600+600+400+400=2000$(원)
❸ 2000원을 천 원짜리 지폐로만 낼 때 적어도 2장 내야 합니다.

23 876432가 되풀이되므로 $88\div6=14\cdots4$에서 6개의 숫자가 14번 반복되고 다시 처음부터 8764를 쓰게 됩니다.
⇨ 마지막 세 자리 수는 764입니다.

24 (직사각형의 가로)$=32\times3=96$ (cm)
(그리려고 하는 원의 지름)$=2\times2=4$ (cm)
직사각형의 가로에는 $96\div4=24$이므로 원을 24개까지 그릴 수 있고
직사각형의 세로에는 $32\div4=8$이므로 원을 8개까지 그릴 수 있습니다.
⇨ 직사각형 안에 원을 $24\times8=192$(개)까지 그릴 수 있습니다.

25 ㉠ (백의 자리 숫자)$<$(십의 자리 숫자)$=$(일의 자리 숫자)이고 각 자리 수의 합이 9인 세 자리 수는 $1+4+4=9$이므로 144입니다.
㉡ 합이 27인 두 수를 알아보면

한 수	26	25	24	23	22	21
다른 한 수	1	2	3	4	5	6

위의 수 중에서 차가 17인 두 수는 22와 5이고 그중 작은 수는 5입니다.
⇨ ㉠$\times$㉡$=144\times5=720$

최종 모의고사 4회

91 ~ 96쪽

1 2	**2** 860
3 6	**4** ④
5 300	**6** ④
7 3	**8** ②
9 3	**10** 14
11 672	**12** 35
13 475	**14** 40
15 5	**16** 25
17 2	**18** 7
19 4	**20** 26
21 9	**22** 4
23 136	**24** 28
25 17	

1 12의 $\frac{1}{6}$은 12를 똑같이 6묶음으로 나눈 것 중의 1묶음이므로 2입니다.

2
$$\begin{array}{r} 43 \\ \times\ 20 \\ \hline 860 \end{array}$$

3 컴퍼스로 원을 그릴 때 컴퍼스의 침과 연필심 사이의 거리는 원의 반지름이 됩니다.
⇨ (원의 지름)$=$(원의 반지름)$\times2$
$=3\times2=6$ (cm)

4 원의 중심 ㅇ과 원 위의 한 점을 이은 선분을 원의 반지름이라고 합니다.
⇨ ④ 선분 ㄴㄷ은 원의 반지름을 나타내는 선분이 아닙니다.

5 $15\times20=300$

6 분자가 9인 분수: ① $\frac{9}{9}$, ③ $1\frac{9}{10}$, ④ $\frac{9}{11}$, ⑤ $\frac{9}{6}$
⇨ 이 중 진분수는 ④ $\frac{9}{11}$입니다.

7 $81 \div 6 = 13 \cdots$ ㉠에서 13은 몫, ㉠은 나머지를 나타냅니다.

```
    1 3 ← 몫
 6)8 1
   6
   2 1
   1 8
     3 ← 나머지
```

⇨ ㉠에 알맞은 수는 3입니다.

8 ① $79 \div 7 = 11 \cdots 2$
② $84 \div 7 = 12$
③ $96 \div 7 = 13 \cdots 5$
④ $94 \div 7 = 13 \cdots 3$
⑤ $99 \div 7 = 14 \cdots 1$

> **참고**
> 나눗셈에서 나머지가 0일 때, 나누어떨어진다고 합니다.

9 컴퍼스의 침을 꽂아야 할 부분에 점을 찍으면 다음과 같습니다.

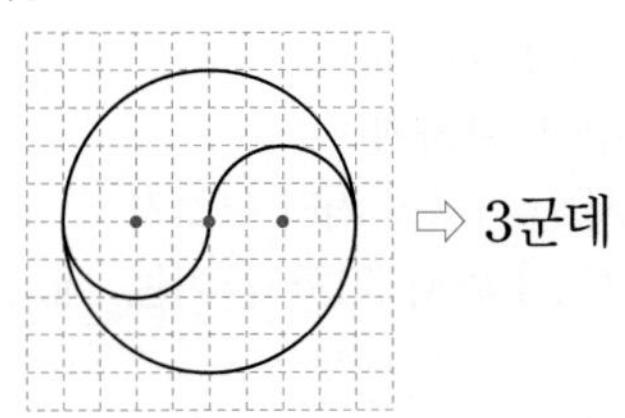

10 $84 \div 2 = 42$, $42 \div 3 = 14$
⇨ ㉠에 알맞은 수는 14입니다.

11 $48 > 25 > 14$이므로 가장 큰 수는 48, 가장 작은 수는 14입니다.
⇨ $48 \times 14 = 672$

12 □ cm는 전체 56 cm를 똑같이 8로 나눈 것 중의 $8-1-2=5$입니다.
56 cm의 $\frac{1}{8}$은 7 cm이므로 56 cm의 $\frac{5}{8}$는 $7 \times 5 = 35$ (cm)입니다.

13 $23 \times 19 = 437$, $16 \times 57 = 912$
⇨ $912 - 437 = 475$

14 (정사각형의 한 변의 길이)=(원의 지름)=10 cm
(정사각형의 네 변의 길이의 합)
$= 10 \times 4 = 40$ (cm)

15 $1\frac{5}{9} = \frac{14}{9}$
⇨ $\frac{8}{9} < \frac{□}{9} < \frac{14}{9}$에서 $8 < □ < 14$이므로 □ 안에 들어갈 수 있는 자연수는 9, 10, 11, 12, 13으로 모두 5개입니다.

16 $7 > 5 > 3$이므로 만들 수 있는 가장 큰 두 자리 수는 75입니다.
⇨ (만들 수 있는 가장 큰 두 자리 수)
÷(나머지 카드의 수)
$= 75 \div 3 = 25$

17 (필요한 전체 버선의 수)$= 6 \times 111 = 666$(켤레)
⇨ (더 필요한 버선의 수)$= 666 - 664 = 2$(켤레)

18

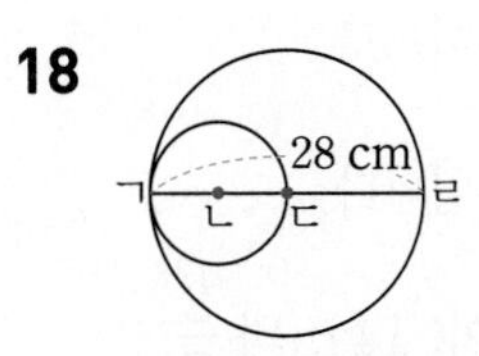

선분 ㄱㄷ의 길이는 큰 원의 반지름이므로 $28 \div 2 = 14$ (cm)입니다.
선분 ㄱㄴ의 길이는 작은 원의 반지름이므로 $14 \div 2 = 7$ (cm)입니다.

19 72의 $\frac{2}{8}$는 18이고 18보다 큰 수를 차례로 13개 쓰면 19, 20, 21, 22, 23, 24, 25, 26, 27, 28, 29, 30, 31이므로 64의 $\frac{\square}{8}$는 32가 되어야 합니다.

⇨ 64의 $\frac{4}{8}$가 32이므로 □ 안에 알맞은 수는 4입니다.

20 ●●●●/●●●●/●●●●/●●……

빨간색 구슬 3개와 파란색 구슬 1개가 반복되는 규칙입니다.
50÷4=12…2이므로 48번째까지 4개의 구슬이 12번 반복되고 빨간색 구슬이 2개 더 놓입니다.
빨간색 구슬: 48번째까지 3×12=36(개)이고,
50번째까지 모두 36+2=38(개)입니다.
파란색 구슬: 12개
⇨ 38−12=26(개)

21 푸는 순서

❶ 10명씩 앉는 긴 의자에 앉을 수 있는 학생 수 구하기
❷ 의자에 앉지 못한 학생 수 구하기
❸ 필요한 6명씩 앉을 수 있는 의자 수 구하기

❶ 10명씩 앉을 수 있는 긴 의자에 앉을 수 있는 학생은 모두 10×30=300(명)입니다.
❷ 350명이 앉아야 하는데 300명이 앉을 수 있으므로 350−300=50(명)이 앉을 수 있는 긴 의자가 더 필요합니다.
❸ 50÷6=8…2에서 남은 2명도 앉아야 하므로 6명씩 앉을 수 있는 긴 의자는 적어도 8+1=9(개) 있어야 합니다.

22 • 첫 번째로 튀어 오른 공의 높이: 49 m의 $\frac{2}{7}$

49 m의 $\frac{1}{7}$은 49÷7=7 (m)이므로

49 m의 $\frac{2}{7}$는 7×2=14 (m)입니다.

• 두 번째로 튀어 오른 공의 높이: 14 m의 $\frac{2}{7}$

14 m의 $\frac{1}{7}$은 14÷7=2 (m)이므로

14 m의 $\frac{2}{7}$는 2×2=4 (m)입니다.

23 반지름이 1 cm, 2 cm, 3 cm, 4 cm……가 늘어나는 규칙입니다.
(12번째 원의 반지름)
=2+1+2+3+4+5+6+7+8+9+10+11
=68 (cm)
⇨ (12번째 원의 지름)=68×2=136 (cm)

24 20×20=400, 30×30=900이고
(두 수의 곱)=783
→ 곱한 두 수는 20과 30 사이의 수입니다.
연속된 세 자연수에서 가장 작은 수와 가장 큰 수의 곱의 일의 자리 숫자가 3이므로 두 수의 일의 자리 숫자는 1과 3 또는 7과 9입니다.
21×23=483 (×), 27×29=783 (○)이므로
㉠=27, ㉡=28, ㉢=29입니다.
⇨ ㉡=28

25 푸는 순서

❶ ①의 거리 구하기
❷ ②의 거리 구하기
❸ ㉮에서 ㉯까지의 거리 구하기
❹ ㉮에서 ㉯까지 기차가 가는 데 걸리는 시간 구하기

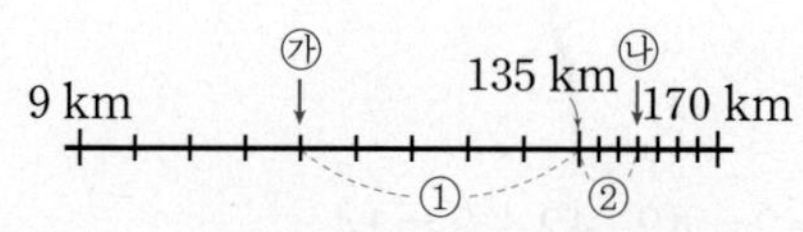

❶ ①의 거리는 9 km에서 135 km까지의 거리를 똑같이 9칸으로 나눈 것 중의 5칸입니다.
135−9=126 (km), 126÷9=14 (km)에서
한 칸의 거리가 14 km이므로 5칸은
14×5=70 (km)입니다.
❷ ②의 거리는 135 km에서 170 km까지의 거리를 똑같이 7칸으로 나눈 것 중의 3칸입니다.
170−135=35 (km), 35÷7=5 (km)에서
한 칸의 거리가 5 km이므로 3칸은
5×3=15 (km)입니다.
❸ (㉮에서 ㉯까지의 거리)=70+15=85 (km)
❹ 기차는 1분에 5 km씩 가므로
(㉮에서 ㉯까지 기차가 가는 데 걸리는 시간)
=85÷5=17(분)

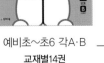

정답 및 풀이

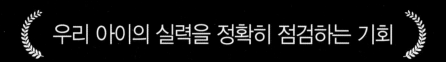